高等学校"十三五"重点规划

工程训练系列

JIXIE ZHIZAO GONGYI JICHU

机械制造工艺基础

主　编◆任正义

副主编◆韩永杰　佟永祥　杨立平　黄雪梅

主　审◆赵立红

哈尔滨工程大学出版社

内容简介

本书是根据国家教育部高等学校机械基础课程教学指导分委员会,工程材料及机械制造课程教学指导组(金工课指组)最新颁布的课程基本要求编写的,结合当前慕课建设和发展的实际,对内容进行了精减,以基础为主,同时加强了对机械类专业工程认证中相关毕业要求的支撑内容。全书以工艺系统中的机床、刀具、夹具、工件为对象,以优质、高效、低耗为工艺目标,以机械加工工艺过程设计为主线,通过大量实例分析,并结合图形和表格等形式,详述了机械制造工艺的基础内容。

本书的主要内容有:切削加工基础知识、常用机床及加工方法综述、常见表面加工方案选择、零件的结构工艺性、机械加工工艺过程,以及常见零件机械加工工艺实例分析。每章后附有思考题及习题。

本书是高等工科院校机械制造工艺基础(冷加工)教材,也可作为高职、电大、函授教科书,还可作为机械类专业师生、工程技术人员和技术工人的参考书。

图书在版编目(CIP)数据

机械制造工艺基础/任正义主编. —哈尔滨 : 哈
尔滨工程大学出版社,2018.2(2019.1 重印)
ISBN 978 - 7 - 5661 - 1800 - 4

Ⅰ. ①材⋯　Ⅱ. ①任⋯　Ⅲ. ①机械制造工艺　Ⅳ. ①TH16

中国版本图书馆 CIP 数据核字(2018)第 004083 号

选题策划　张　玲
责任编辑　马佳佳
封面设计　博鑫设计

出版发行　哈尔滨工程大学出版社
社　　址　哈尔滨市南岗区南通大街 145 号
邮政编码　150001
发行电话　0451 - 82519328
传　　真　0451 - 82519699
经　　销　新华书店
印　　刷　哈尔滨市石桥印刷有限公司
开　　本　787mm×1 092mm　1/16
印　　张　10.5
字　　数　275 千字
版　　次　2018 年 2 月第 1 版
印　　次　2019 年 1 月第 2 次印刷
定　　价　28.00 元
http://www.hrbeupress.com
E-mail:heupress@ hrbeu.edu.cn

前　言

哈尔滨工程大学工程训练中心自2003年5月成立以来,以"工程""实践"和"创新"为主题,以培养学生的"知识""素质"和"能力"为主线,在人才培养方面形成了独具特色的工程实践教育理念和工程实践教学模式。2006年12月,哈尔滨工程大学工程训练中心被评为国家级实验教学示范中心;2007年10月,哈尔滨工程大学工程训练中心"工程训练课程"被评为国家级精品课程;2008年10月,哈尔滨工程大学工程训练中心"工程实践创新教学团队"被评为国家级教学团队;2009年6月,哈尔滨工程大学工程训练中心"机械制造基础课程"被评为省级精品课程。

本书在国家机械基础课程教学指导分委员会教学大纲的指导下,汲取了国内外众多优秀学者的智慧,凝聚了全体编写教师的学识和丰富的工程经验,突出了鲜明的工程特色,丰富了新材料、新技术和新工艺的内容,适用于机械制造基础课程。

本书结合当前慕课建设和发展的实际,对内容进行了精减,以基础为主,同时加强了对机械类专业工程认证中相关毕业要求的支撑内容。全书以工艺系统中的机床、刀具、夹具、工件为对象,以优质、高效、低耗为工艺目标,以机械加工工艺过程设计为主线,通过大量实例分析,并结合图形和表格等形式,详述了机械制造工艺的基础内容。

全书共分六章,第1章为切削加工基础知识、第2章为常用机床及加工方法综述、第3章为常见表面加工方案选择、第4章为零件的结构工艺性、第5章为机械加工工艺过程、第6章为常见零件机械加工工艺实例分析。每章后附有思考题和习题。

本书由哈尔滨工程大学工程训练中心任正义教授主编和统稿,赵立红主审。参加本书编写工作的有哈尔滨工程大学韩永杰(第2章)、佟永祥(第5,6章)、杨立平(第3,4章)、黄雪梅(第1章)。

在此对书中引用和参考的文献资料的作者表示感谢。由于编者水平有限,书中难免有不妥之外,恳请广大读者批评指正。

编　者

2018 年 1 月

目　　录

第1章 切削加工基础知识

1.1 切削加工概述

金属切削加工是机械制造业中最基本的加工方法之一。随着科学技术的发展，一些先进的加工技术相继产生，如精密铸造、冷轧技术、电火花加工和电解加工技术等，这些加工技术可以部分取代切削加工。但由于金属切削加工技术具有加工精度高、生产效率高、加工成本低等优点，因此大部分零件仍须通过切削加工来实现，尤其是高精度金属零件的加工。所以目前金属切削加工仍然是机械加工的主要方法，在机械制造业中占有十分重要的地位，在一般生产中占总工作量的40%~60%，与国家整个工业的发展紧密相连，起着举足轻重的作用。

1.1.1 切削加工的分类和特点

1. 切削加工的分类

切削加工是利用切削工具(包括刀具、磨具和磨料)从工件毛坯上切除多余的部分，使获得的零件具有符合图样要求的尺寸精度、形状精度、位置精度及表面质量的加工方法。任何切削加工都必须具备三个基本条件：切削工具、工件和切削运动。

切削加工有许多分类方法，通常按工艺特征分为机械加工(简称机工)和钳工加工(简称钳工)两大类。此外也可按材料切除率、加工精度、表面形成方法来区分。

机械加工是利用机械力对各种工件进行加工的方法。它一般是通过工人操纵机床设备来进行切削加工的。其方法有车削、钻削、镗削、铣削、刨削、拉削、磨削、珩磨、超精加工和抛光等。所用的机床有车床、钻床、镗床、铣床、刨床、拉床、磨床、珩磨机、抛光机及齿轮加工机床等。

钳工加工一般是通过工人手持工具来进行切削加工的。钳工常用的加工方法有划线、錾切、锯削、锉削、刮削、研磨、钻孔、铰孔、攻螺纹、套螺纹、机械装配和设备修理等。为了减轻劳动强度和提高生产效率，钳工中的某些工作可由机械加工替代，如锯削、钻孔、铰孔、攻螺纹、套螺纹、研磨等。机械装配也在一定范围内不同程度地实现了机械化和自动化，如汽车装配生产线，而且这种替代现象将会越来越多。

钳工加工是切削加工中不可缺少的重要组成部分，在自动化机器的智能还未超越人类智能时，就永远不会被机械加工完全代替。因为在有些情况下，钳工加工是非常经济和方便的，如在机器装配或修理中，对有些配件的锉修、对机器导轨面进行选择性切削的刮削、在笨重机件上加工小型螺孔的攻丝等。因此，钳工加工不仅比机械加工灵活、经济、方便，而且更容易保证产品的质量。

2. 切削加工的特点

（1）切削加工的加工精度和表面粗糙度的范围广泛

目前切削加工的尺寸公差等级为 IT12～IT3，甚至更高；表面粗糙度 Ra 值为 25～0.008 μm，甚至更低，是目前其他加工方法难以达到的。

（2）切削加工零件的材料、形状、尺寸和质量的范围较大

切削加工多用于金属材料的加工，如各种碳钢、合金钢、铸铁、有色金属及其合金等，也可用于某些非金属材料的加工，如石材、木材、塑料和橡胶等。被加工零件的形状和尺寸一般不受限制，只要能够实现切削加工，即可获得常见的各种表面，如外圆、内孔、锥面、平面、螺纹、齿形及空间曲面等。被加工零件的质量范围很大，重的可达数百吨，如葛洲坝一号船闸的闸门，高 30 余米，重 600 t；轻的只有几克，如微型仪表零件。

（3）切削加工的生产率较高

在常规条件下，切削加工的生产率一般高于其他加工方法。只是在少数特殊场合，其生产率低于精密铸造、精密锻造、粉末冶金和工程塑料压制成形等方法。

（4）刀具材料的硬度必须大于工件材料的硬度

由于切削过程中存在切削力，刀具和工件均须具有一定的强度和刚度，只有刀具材料的硬度高于工件材料的硬度，才能实现刀具对工件的切削。

3. 切削加工的发展方向

随着科学技术和现代工业日新月异的飞速发展，切削加工正朝着高精度、高效率、自动化、柔性化和智能化方向发展，主要体现在以下几方面。

（1）高精度

加工设备朝着数控技术、精密和超精密、高速和超高速方向发展。进入 21 世纪，数控技术、精密和超精密加工技术将进一步普及和应用。普通加工、精密加工和超精密加工的精度可分别达到 1 μm，0.01 μm 和 0.001 μm（即纳米级），并向原子级加工逼近。

（2）高效率

刀具材料朝超硬刀具材料方向发展。21 世纪使用的刀具材料更加广泛，传统的高速钢、硬质合金材料的技术性能不断提高。诸如陶瓷、聚晶金刚石（PCD）和聚晶立方氮化硼（PCBN）等超硬材料将被普遍应用于切削刀具，使切削速度可高达每分钟数千米。化学涂层和物理涂层技术的不断发展，使新型复合涂层材料日新月异。例如氮铝钛类金刚石涂层以及纳米涂层技术的发展等，为解决高速切削各类高精度、高硬度难加工材料创造了条件。

（3）自动化和柔性化

生产规模由目前的小批量和单品种大批量向多品种变批量的方向发展。生产方式由目前的手工操作、机械化、单机自动化、刚性流水线自动化向柔性自动化和智能自动化方向发展。

（4）智能化

工艺基础将改变。在直接生产的环节中，采用物化知识的职能代替人，使人从直接参加生产劳动变为主要控制生产。

21 世纪的切削加工技术将面临逐步实现自动化制造，向着精密化、柔性化和智能化方向发展，与计算机、自动化、系统论、控制论及人工智能、计算机辅助设计与制造、计算机集

成制造系统等高新技术及理论高度融合,并由此推动其他各新兴学科在切削理论和技术中的应用。

1.1.2　零件的种类和表面构成

1. 零件的种类

组成机械产品的零件,因其功用、形状、尺寸和精度诸因素的不同而千变万化,但按着其结构一般可分为六类,即轴类(图 1-1)、盘套类(图 1-2)、支架箱体类(图 1-3)、六面体类(图 1-4)、机身机座类(图 1-5)和特殊类零件(图 1-6)。每一类零件不仅结构相似,而且加工工艺也类似,有利于采用类比的方法正确选择加工工艺方法。

图 1-1　轴类零件

图 1-2　盘套类零件

图 1-3　支架箱体类零件

图1-4   六面体类零件

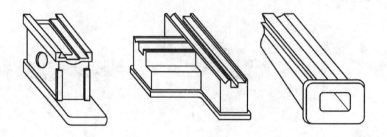

图1-5   机身机座类零件

图1-6   特殊类零件

2. 零件表面的构成

零件的组成表面常见的有外圆、内孔、平面、锥面、螺纹、齿形、成形面以及各种沟槽等，如图1-7所示的心轴零件。虽然机械零件的表面形状多种多样，但按形体分析方法归纳起来大致有三种基本表面:回转面(圆柱面、圆锥面、回转成形面等)、平面(大平面、端面、环面等)和成形表面(渐开面、螺旋面等)。

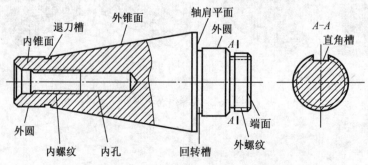

图1-7   心轴零件

1.1.3 零件表面的成形方法

1.零件表面的形成原理

从几何学的观点来看,零件上各种表面都可由一条线(称为母线)沿另一条线(称为迹线)运动形成。如图1-8所示,平面由一条直线(母线)沿另一条直线(迹线)做平移运动而成;圆柱面由一条直线(母线)沿一个圆(迹线)运动而成;螺旋面由一条折线(母线)沿一条螺旋线(迹线)运动而成;齿轮表面由渐开线(母线)沿直线(迹线)运动而成。这些形成零件各种表面的母线和迹线统称为发生线。

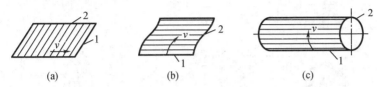

(a)   (b)   (c)

图1-8 零件表面的形成

(a)平面;(b)曲面;(c)圆柱面

1—母线;2—迹线;v—运动方向

母线和迹线的相对位置不同,所形成的表面也不同。在图1-9中,直线(母线)和圆柱线相对位置的改变,就分别形成了圆柱面、圆锥面和回转双曲面。

 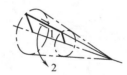 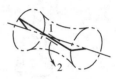

图1-9 母线原始位置变化时形成不同表面

2.零件表面的成形方法

切削加工中,发生线是由工件和刀具之间的相对运动及刀具切削刃的形状共同实现的。相同的表面,切削刃的形状不同,工件和刀具之间的相对运动也不相同,这是形成各种加工方法的基础。按表面形成过程的特点,切削加工方法主要有以下两类。

(1)成形法

整个切削刃相对于工件的运动轨迹面即是直接形成工件的已加工表面,换言之,被加工工件的廓形是刀具的刃形(或者刃形的投影)"复印"出来的。图1-10是用与工件的最终表面轮廓相匹配的成形刀具(图1-10(a)(b)(c)(d)(e))或成形砂轮(图1-10(f))等加工成形的成形方法。此时机床的部分成形运动被刀刃的几何形状所代替,成形法一般只用于加工短的成形面。用成形法加工,可提高生产率,但刀具的制造和安装误差对被加工表面的形状精度影响较大。

(2)包络法

切削刃相对工件运动轨迹面的包络面是形成工件的已加工表面,换句话说,被加工工件的廓形是切削刃在切削运动过程中连续位置的包络线。

若刀具与工件之间没有瞬时中心(简称瞬心),这种方法称为无瞬心包络法,或称为包络法。例如,车削、刨削、铣削等,如图1-11(a)(b)(c)所示。若刀具与工件的瞬心彼此做无滑动的滚动时,这种方法称为有瞬心包络法,或称为展成法。例如,滚齿法和插齿法加工齿轮,如图1-11(d)(e)所示。

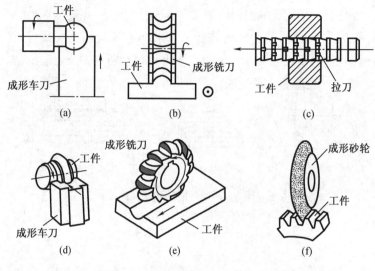

图1-10   成形法

(a)车削;(b)铣削;(c)拉削;(d)车削;(e)铣削;(f)磨削

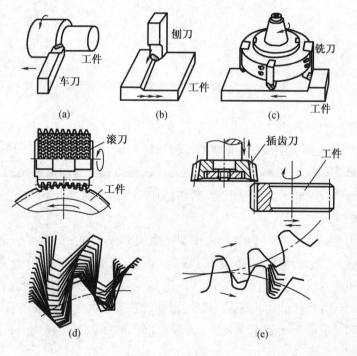

图1-11   包络法

(a)车削;(b)刨削;(c)铣削;(d)滚齿;(e)插齿

1.1.4 切削运动及切削要素

1. 切削运动

要实现切削加工,刀具和工件之间必须具有一定的相对运动,才能获得所需表面形状,这种相对运动称为切削运动。

各种切削运动都是由一些简单的运动单元组合而成的,直线运动和旋转运动是切削加工的两个基本运动单元。不同数目的运动单元,按照不同大小的比值、不同的相对位置和方向进行组合,即构成各种切削加工的运动,如图1-12所示。

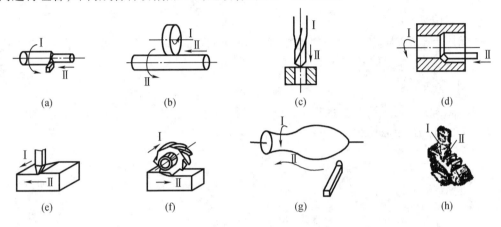

图 1-12 零件表面加工时的切削运动

(a)车外圆;(b)磨外圆;(c)钻孔;(d)车床上镗孔;(e)刨平面;(f)铣平面;(g)车成形面;(h)铣齿形

Ⅰ—主运动;Ⅱ—进给运动

切削运动根据其功用不同可分为主运动和进给运动。切削运动由机床提供,常见机床的切削运动如表1-1所示。

(1)主运动

主运动是切下切屑所需的最基本的运动(图1-12的Ⅰ)。在切削运动中,主运动的速度最高,消耗的功率最大,主运动一般只有一个。

(2)进给运动

进给运动是多余材料不断被投入切削,从而加工出完整表面所需的运动(图1-12的Ⅱ),进给运动可以有一个或几个。

表 1-1 常见机床的切削运动

机床名称	主运动	进给运动
卧式车床	工件旋转运动	车刀纵向、横向、斜向直线运动
钻床	钻头旋转运动	钻头轴向移动
卧铣、立铣	铣刀旋转运动	工件纵向、横向移动(有时也做垂直方向移动)
牛头刨床	刨刀往复运动	工件横向间歇移动或刨刀垂直斜向间歇移动

表 1 – 1（续）

机床名称	主运动	进给运动
龙门刨床	工件往复移动	刨刀横向、垂直、斜向间歇移动
外圆磨床	砂轮高速旋转	工件转动，同时工件往复移动，砂轮横向移动
内圆磨床	砂轮高速旋转	工件转动，同时工件往复移动，砂轮横向移动
平面磨床	砂轮高速旋转	工件往复移动，砂轮横向、垂直方向移动

2. 切削用量

切削用量是切削过程中的切削速度、进给量和背吃刀量（切削深度）的总称，通常称为切削用量三要素，它们是设计机床运动的依据。

（1）切削速度 v_c

切削刃选定点相对于工件的主运动的瞬时速度。用 v_c 表示，单位 $m \cdot s^{-1}$ 或 $m \cdot min^{-1}$。

当主运动为旋转运动时，切削速度的计算公式为

$$v_c = \frac{\pi dn}{1\,000 \times 60} \quad (m \cdot s^{-1}) \tag{1-1}$$

或

$$v_c = \frac{\pi dn}{1\,000} \quad (m \cdot min^{-1}) \tag{1-2}$$

式中　d——切削刃选定点处工件或刀具的直径，mm；

　　　n——工件或刀具的转速，$r \cdot min^{-1}$。

当主运动为直线往复移动时（如刨削加工），切削速度的计算公式近似为

$$v_c = \frac{2Ln_r}{1\,000 \times 60} \quad (m \cdot s^{-1}) \tag{1-3}$$

或
$$v_c = \frac{2Ln_r}{1\,000} \quad (m \cdot min^{-1}) \tag{1-4}$$

式中　L——行程长度，mm；

　　　n_r——冲程次数，$str \cdot min^{-1}$。

（2）进给量 f

在主运动每转一转或每一行程时（或单位时间内），刀具在进给运动方向上相对工件的位移量。用 f 表示，单位是 $mm \cdot r^{-1}$（用于车削、钻削、镗削、铣削等）或 $mm \cdot str^{-1}$（用于刨削、插削等）。进给量还可以用进给速度 v_f（单位是 $m \cdot s^{-1}$）或每齿进给量 f_z（用于铣刀、铰刀等多刃刀具，单位为毫米/齿）表示。一般情况下

$$v_f = nf = nzf_z \tag{1-5}$$

式中　n——主运动的转速，$r \cdot s^{-1}$；

　　　z——刀具齿数。

（3）背吃刀量 a_p

在垂直于进给运动方向上测量的主切削刃切入工件的深度，又称切削深度（简称切

深),用 a_p 表示,单位为 mm。

图 1-13 所示是车外圆、车锥面、刨直槽和钻孔的工艺简图,并标示出了刀具和工件之间的切削运动和切削用量三要素。

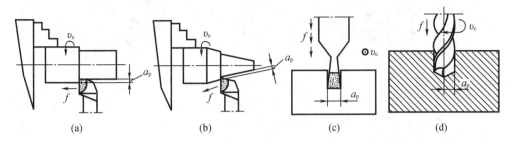

图 1-13　工艺简图

(a)车外圆;(b)车锥面;(c)刨直槽;(d)钻孔

1.2　刀具及刀具切削过程

1.2.1　刀具角度

切削刀具在金属切削加工过程中具有举足轻重的地位,对机械加工的产品质量、生产率及加工成本都有直接影响。

1. 车刀的组成

切削刀具的种类很多,结构也多种多样。但是,无论哪种刀具,一般都由切削部分(又称刀头)和夹持部分(又称刀柄)组成。夹持部分是用来将刀具夹持在机床上的部分,要求它能保证刀具正确的工作位置,传递所需要的运动和动力,并且夹持可靠,装卸方便。切削部分是刀具上直接参加切削工作的部分,刀具切削性能的优劣,取决于切削部分的材料、角度和结构。

各类切削刀具的切削部分的几何形状与要素,均可视作是车刀的演变,即以普通外圆车刀切削部分几何形态为基本形态,其他刀具都是由基本形态演变或组合而成的,如图 1-14 所示。

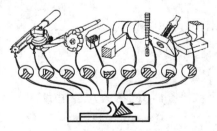

图 1-14　其他刀具都是由基本形态演变或组合而成

车刀由刀柄(夹持部分)和刀头(切削部分)两部分组成,按联结方式有机夹式、焊接式和整体式,如图 1 – 15 所示。

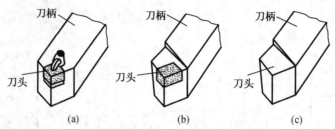

图 1 – 15　车刀的组成

(a)机夹式车刀;(b)焊接式车刀;(c)整体式车刀

在切削过程中,工件上通常存在着三个不断变化的表面,即已加工表面、加工表面(过渡表面)和待加工表面。已加工表面是工件上已切去切屑的表面;待加工表面是工件上即将被切去切屑的表面;加工表面(过渡表面)是工件上正在被切削的表面。

车刀切削部分(刀头)主要由三面、两刃、一尖组成,即前面(A_γ)、主后面(A_α)、副后面(A_α')、主切削刃(S)、副切削刃(S')和刀尖组成,如图 1 – 16 所示。其定义分别为:

(1)前面 A_γ(前刀面):刀具上切屑流过的表面。

(2)主后面 A_α(主后刀面):刀具上与工件过渡表面相对的表面。

(3)副后面 A_α'(副后刀面):刀具上与已加工表面相对的表面。

(4)主切削刃 S:前面和主后面的交线,它完成主要的切削工作。

(5)副切削刃 S':前面和副后面的交线,它配合主切削刃完成切削工作,并最终形成已加工表面。

(6)刀尖:连接主切削刃和副切削刃的一段切削刃,它可以是小的直线段或圆弧。

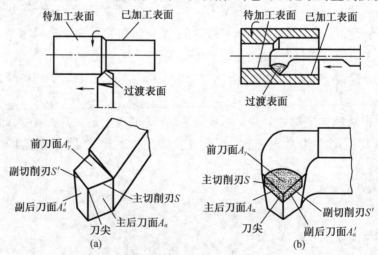

图 1 – 16　车刀刀头的组成

(a)外圆车刀;(b)内孔车刀

2. 刀具静止参考系

刀具要从工件上切下金属,必须具有一定的切削角度,也正是由于切削角度才决定了刀具切削部分各表面的空间位置。要确定和测量刀具角度,必须建立一定的静止参考系,这个参考系主要由三个互相垂直的基本平面组成,并由此能够生成其他一些所需的辅助平面。

如图1-17所示,以直头外圆车刀为例,建立静止参考系。这个参考系建立的条件是:只考虑进给运动的方向而不考虑进给量的大小,规定车刀刀尖与工件装夹后的回转轴线等高,刀柄中心线垂直于进给运动方向。在此简化条件下的参考系,可以确立三个基本参考平面:基面P_r、切削平面P_s、正交平面P_o,以及其他辅助平面。

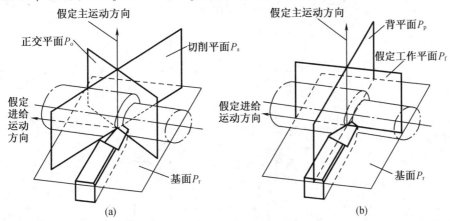

图1-17 刀具静止参考系的坐标平面

(a)三个基本参考平面;(b)两个辅助平面

(1)基面P_r:通过主切削刃选定点,其方位垂直假定主运动方向的平面。

(2)切削平面P_s:通过主切削刃选定点,与切削刃相切并垂直于基面的平面。

(3)正交平面P_o:通过主切削刃选定点,并同时垂直于基面和切削平面的平面,也称主剖面。

(4)假定工作平面P_f:通过主切削刃选定点,与基面垂直且与假定进给方向平行的平面,也称进给平面。

(5)背平面P_p:通过主切削刃选定点,并同时垂直于基面和假定工作平面的平面,也称切深平面。

3. 刀具的标注角度

刀具的标注角度是指刀具在其静止参考系中的一组角度,这些角度是制造和刃磨刀具所必需的,并在刀具设计图上予以标注的角度。以外圆车刀为例,如图1-18所示,表示了七个角度的定义。

(1)前角γ_o:在正交平面内测量的前刀面与基面间的夹角。前角表示前刀面的倾斜程度,当通过选定点的基面位于刀头实体之外时,γ_o定为正值;当通过选定点的基面位于刀头实体之内时,则γ_o定为负值,如图1-18所示。

前角γ_o对切削难易程度有很大影响:增大前角可使刀具锋利,切削轻快。但前角过大,刀刃和刀尖的强度下降,刀具导热体积减小,影响刀具使用寿命。常取$\gamma_o = -5° \sim 25°$。

(2)背前角γ_p:在背平面内测量的前刀面与基面间的夹角。螺纹车刀、插齿刀等刀具的前角常用背前角表示。其正、负如图1-18所示。

（3）主后角 α_o：在正交平面内测量的主后刀面与切削平面间的夹角。主后角表示主后刀面的倾斜程度，一般为正值。

主后角的作用是为了减少主后刀面与工件加工表面之间的摩擦，以及主后刀面的磨损。但主后角过大，刀刃强度下降，刀具导热体积减小，反而会加快主后刀面的磨损。常取 $\alpha_o = 4° \sim 12°$。

（4）背后角 α_p：在背平面内测量的主后面与切削平面间的夹角。与背前角一样，对于螺纹车刀、插齿刀等刀具用背后角表示，一般为正值。

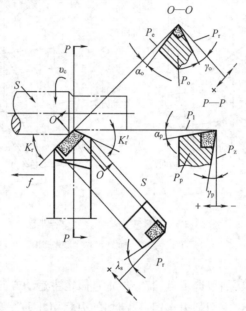

图 1 - 18　外圆车刀的主要角度

（5）主偏角 K_r：在基面内测量的切削平面与假定工作平面间的夹角。若刀刃为直线，主偏角为基面内测量的主切削刃在基面上的投影与进给运动方向的夹角。主偏角一般为正值。

主偏角 K_r 的大小影响背向力 F_p 与进给力 F_f 的比例及刀具寿命，如图 1 - 19 所示。在切深和进给量相同的情况下，改变主偏角的大小可以改变切削厚度和切削宽度。减小主偏角使主切削刃参加切削的长度增加，切屑变薄。刀刃单位长度上的切削负荷减轻，同时增大了散热面积，因而使刀具寿命提高。K_r 常取 $90°$，$75°$，$60°$ 和 $45°$。当加工刚度较低的细长轴时，K_r 常取 $90°$ 或 $75°$。

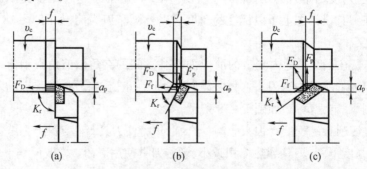

图 1 - 19　主偏角对背向力 F_p 和刀具寿命的影响

(a)$K_r = 90°$；(b)$K_r = 60°$；(c)$K_r = 30°$

（6）副偏角 K'_r：在基面内测量的副切削平面与假定工作平面间的夹角。若刀刃为直线，副偏角为基面内测量的副切削刃在基面上的投影与进给运动反方向的夹角。副偏角一般为正值。

副偏角的作用是减少副刀刃与工件已加工表面的摩擦，减少切削振动。K'_r 常取 $5° \sim 15°$。

副偏角和主偏角的大小共同影响工件表面残留面积的大小，进而影响已加工表面的粗糙度 Ra 值，如图 1 - 20 所示。

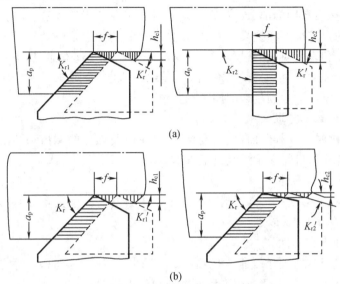

图 1 - 20　主、副偏角对表面粗糙度 Ra 的影响
（a）$K_{r1} < K_{r2}$，K'_r 不变；（b）$K'_{r1} > K'_{r2}$，K_r 不变

（7）刃倾角 λ_s：在切削平面内测量的主切削刃与基面间的夹角。当主切削刃呈水平时，$\lambda_s = 0°$；当刀尖为主切削刃上最低点时，$\lambda_s < 0°$；当刀尖为主切削刃上最高点时，$\lambda_s > 0°$。

刃倾角的大小影响刀尖强度和切屑的流向，如图 1 - 21 所示。

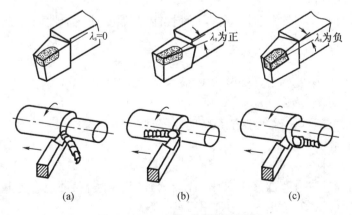

图 1 - 21　刃倾角对排屑的影响
（a）刃倾角为零；（b）刃倾角为正；（c）刃倾角为负

上述刀具标注角度是在静止参考系中的一组角度，在实际切削加工时，由于车刀装夹

位置和进给运动的影响,确定刀具角度坐标平面的位置将发生变化,使得刀具实际切削时的角度值与其标注角度值不同,这些变化对切削加工将产生一定的影响。如果考虑进给运动和刀具实际安装情况的影响,参考平面的位置应按合成切削运动方向来确定,这时的参考系称为刀具工作角度参考系。在工作角度参考系中确定的刀具角度称为刀具的工作角度,刀具的工作角度反映了刀具的实际工作状态。

1.2.2　刀具材料

刀具材料是指刀具切削部分的材料。随着制造工业的飞速发展,新的工程材料不断涌现,对刀具材料的要求也不断提高。刀具材料的发展,实际上是不断提高刀具材料耐热性、耐磨性、切削速度和表面质量的过程。刀具材料的选择对刀具寿命、加工质量、生产效率影响极大,在进行切削加工时,必须根据具体情况综合考虑,合理选择刀具材料,既要发挥刀具材料的特性,又要经济地满足切削加工的要求。

1. 对刀具材料基本要求

刀具切削工件时,切削部分直接受到高温、高压以及强烈的摩擦和冲击与振动的作用,因此,刀具切削部分的材料必须满足以下基本要求:

(1)高的硬度和耐磨性

刀具材料的硬度必须比工件材料高。硬度是刀具材料必须具备的基本特征,切削刃在常温下硬度均要在 62HRC 以上。

(2)足够的强度和韧性

刀具在切削过程中,要承受很大的压应力,有时还会承受拉应力、弯曲应力,因此要求在承受冲击或振动的情况下切削刃不致发生崩刃或折断。

(3)高的热硬性和良好的热稳定性

热硬性是指刀具材料在高温下保持硬度、耐磨性和韧性的性能。热稳定性是指刀具材料能承受频繁变化的热冲击。

(4)良好的化学稳定性

化学稳定性是指刀具材料在高温下的抗氧化能力、抗黏结性能及抗扩散能力。

(5)良好的工艺性能

刀具材料应具有良好的锻造性能、热处理性能、高温塑性变形性能及切削加工性能等,以便于制造。

(6)经济性

应结合物质资源来发展刀具材料,同时应综合考虑其制造成本。

(7)良好的可预测性

随着切削加工自动化与柔性制造系统的发展,要求刀具磨损及刀具耐用度等切削性能具有良好的可预测性。

2. 普通刀具材料

常见的普通刀具材料有碳素工具钢、合金工具钢、高速钢、硬质合金和涂层刀具材料等,其中后三种用得较多。表 1-2 为常用刀具材料。

表1-2 常用刀具材料

刀具材料	代表牌号	基本性能						
		硬度	抗弯强度 σ_b		冲击韧度 α_k		耐热性	切削速度之比
		HRA(HRC)	GPa	kg/mm²	kJ/m²	kg·m/cm²	℃	
碳素工具钢	T10A	81~83(60~64)	2.45~2.75	250~280	—	—	~200	0.2~0.4
合金工具钢	9SiCr	81~83(60~65)	2.45~2.75	250~280	—	—	250~300	0.5~0.6
高速钢	W18Cr4V	82~87(62~69)	3.43~4.41	350~450	98~490	1~5	540~650	1
硬质合金	YG8	89.5~91	1.08~1.47	110~150	19.6~39.2	0.2~0.4	800~900	6
	YT15	89.5~92.5	0.88~1.27	90~130	2.9~6.8	0.03~0.07	900~1 000	6
陶瓷	AM	91~94	0.44~0.83	45~85	—	—	>1 200	12~14

(1)碳素工具钢

它是一种含碳量较高的优质钢,含碳量在 0.7%~1.2%,淬火后的硬度可达 61~65HRC,且价格低廉。但它的耐热性不好,多用于制造切削速度低的简单手工工具,如锉刀、锯条和刮刀等。常用牌号为 T10,T10A 和 T12,T12A 等。

(2)合金工具钢

在碳素工具钢中加入适量的铬(Cr)、钨(W)、锰(Mn)等合金元素,能够提高材料的耐热性、耐磨性和韧性,常用于制造低速加工(允许的切削速度可比碳素工具钢提高 20% 左右)和要求热处理变形小的刀具,如铰刀、拉刀等。常用的牌号有 CrWMn 和 9SiCr 等。

(3)高速钢

它是加入了较多的钨(W)、钼(Mo)、铬(Cr)、钒(V)等合金元素的高合金工具钢,有很高的强度和韧性,热处理后的硬度为 63~70HRC,红硬温度达 500~650 ℃,允许切速为 40 m·min^{-1}左右。高速钢的强度高(抗弯强度是一般硬质合金的 2~3 倍,陶瓷的 5~6 倍)、韧性好,可在有冲击、振动的场合应用,它可以用于加工有色金属、结构钢、铸铁、高温合金等范围广泛的材料。高速钢的制造工艺性好,容易磨出锋利的切削刃,主要用于制造各种复杂刀具,如钻头、铰刀、拉刀、铣刀、齿轮刀具及各种成形刀具。高速钢常用的牌号有 W18Cr4V,W6Mo5Cr4V2 和 W9Mo3Cr4V 等。

(4)硬质合金

它是用高硬度、难熔的金属碳化物(WC,TiC 等)和金属黏结剂(Co,Ni 等),在高温条件下烧结而成的粉末冶金制品。硬质合金的常温硬度可达 74~82HRC,红硬温度达 800~1 000 ℃,允许切速达 100~300 m·min^{-1},刀具寿命比高速钢刀具高几倍到几十倍,可加工包括淬硬钢在内的多种材料。但硬质合金的强度和韧性比高速钢差,常温下的冲击韧性仅为高速钢的 1/8~1/30,因此,硬质合金承受切削振动和冲击的能力较差。硬质合金是最常用的刀具材料之一,目前多用于制造各种简单刀具,如车刀、铣刀、刨刀的刀片等,也可用硬质合金制造深孔钻、铰刀、拉刀和铣刀。尺寸较小和形状复杂的刀具,可采用整体硬质合金制造,但整体硬质合金刀具成本高,其价格是高速钢刀具的 8~10 倍。

ISO(国际标准化组织)把切削用硬质合金分为 P,K,M 三个主要类别。

①P 类硬质合金(蓝色)。相当于旧牌号 YT 类硬质合金,由 WC,TiC 和 Co 组成,也称钨钛钴类硬质合金。适宜加工长切屑的黑色金属,如钢、铸钢等。其代号有 P01,P10,P20,P30,P40,P50 等,数字越大,耐磨性越低而韧性越高。精加工可用 P01,半精加工可选用

P10,P20,粗加工可选用P30。

②M类硬质合金(黄色)。相当于旧牌号YW类硬质合金,由WC和Co组成,也称钨钴类硬质合金。适宜加工长切屑或短切屑的金属,如钢、铸钢、不锈钢、灰口铸铁、有色金属等。其代号有M10,M20,M30,M40等,数字越大,耐磨性越低而韧性越高。精加工可用M10,半精加工选用M20,粗加工可选用M30。

③K类硬质合金(红色)。相当于旧牌号YG类硬质合金,是在WC,TiC,Co的基础上再加入TaC(或NbC)而成。加入TaC(或NbC)后,改善了硬质合金的综合性能。适宜加工短切屑金属和非金属材料,如淬硬钢、铸铁、铜、铝合金、塑料等。其代号有K01,K10,K20,K30,K40等,数字越大,耐磨性越低而韧性越高。精加工可用K01,半精加工可选用K10,K20,粗加工可选用K30。

(5)涂层刀具材料

它是在硬质合金或高速钢的基体上,涂覆一层几微米厚的高硬度、高耐磨性的难熔金属化合物(TiC,TiN,Al_2O_3等)而构成的。涂层一般采用CVD法(化学气相沉积法)或PVD法(物理气相沉积法)。涂层刀具表面硬度高、耐磨性好,其基体又有良好的抗弯强度和韧性。涂层硬质合金刀具的耐用度比不涂层的至少可提高1~3倍,涂层高速钢刀具比不涂层的耐用度可提高2~10倍。

3. 超硬刀具材料

超硬刀具材料目前用得较多的有陶瓷、人造聚晶金刚石和立方氮化硼等。

(1)陶瓷

陶瓷刀具材料具有很高的硬度和耐磨性,用于制作刀具的陶瓷材料主要有氧化铝(Al_2O_3)基陶瓷和氮化硅(Si_3N_4)基陶瓷两类,采用热压成形和烧结的方法获得。

常用的陶瓷刀具材料主要由纯Al_2O_3或在Al_2O_3中添加一定量的金属元素或金属碳化物构成的Al_2O_3基陶瓷,其硬度高达91~95HRA,抗弯强度为0.7~0.95 GPa,耐磨性好、耐热性好、化学稳定性高、抗黏结能力强,但抗弯强度和韧性差。这种陶瓷主要用于加工各种铸铁(灰铸铁、球墨铸铁、冷硬铸铁、高合金耐磨铸铁等)和各种钢材(碳素结构钢、高强度钢、高锰钢、淬硬钢等),也可加工铜合金、石墨、工程塑料和复合材料,不适宜加工铝合金、钛合金。Si_3N_4基陶瓷有较高的抗弯强度和韧性,适于加工铸铁及高温合金,不适宜切削钢料。

(2)人造聚晶金刚石(PCD)

金刚石分为天然金刚石和人造金刚石两种,由于天然金刚石价格昂贵,工业上多使用人造金刚石。人造金刚石又分为单晶金刚石和聚晶金刚石(PCD)。人造金刚石是借助某些合金的触媒作用,在高温高压条件下由石墨转化而成。

人造聚晶金刚石是在高温高压下将金刚石微粉聚合而成的多晶体材料,聚晶金刚石的晶粒随机排列,属各向同性体,其硬度极高(HV5000以上),仅次于天然金刚石(HV10000),常用于制造刀具。用它制成的刀具耐磨性极好,可切削极硬的材料且能长时间保持尺寸的稳定性,耐用度比硬质合金刀具高几十倍至几百倍。但这种材料的韧性和抗弯强度很差,只有硬质合金的1/4左右;热稳定性也很差,当切削温度达700~800 ℃时,就会失去其硬度,因而不能在高温下切削;与铁的亲和力很强,一般不宜加工黑色金属。人造聚晶金刚石可制成各种车刀、镗刀、铣刀刀片。其主要用于精加工有色金属及非金属,如铝、铜及其合金、陶瓷、合成纤维、强化塑料的硬橡胶等,也能加工硬质合金。近年来,以K类硬质合金为基底,在上面铺设一层厚约0.5~1 mm的PCD细粉,经高温高压可压制成聚晶金刚石复合片。这种复合片造价较低,在刀具与其他工具中已得到了广泛的应用。

(3)立方氮化硼(CBN)

它是由六方氮化硼(HBN)经高温高压处理转化而成。以六方氮化硼为原料,加催化剂,在高温(1 300 ~ 1 900 ℃)、高压(5 ~ 10 GPa)下制成 CBN 单晶细粉;再用 CBN 单晶细粉,加黏结剂,在高温(1 800 ~ 2 000 ℃)、高压(8 GPa)下,即可得 CBN 聚晶刀片。其硬度仅次于金刚石,达 HV7000 ~ 8000,耐磨性也很好,耐热性比金刚石高得多,达 1 200 ℃,可承受很高的切削温度。在 1 200 ~ 1 300 ℃的高温下也不与铁金属起化学反应,因此,可以加工钢铁。立方氮化硼可做成整体刀片,也可与硬质合金做成复合刀片。立方氮化硼刀具的耐用度是硬质合金刀具和陶瓷刀具的几十倍。目前 CBN 主要用于淬火钢、耐磨铸铁、高温合金等难加工材料的半精加工和精加工。

1.2.3 刀具切削过程

切削过程是刀具从工件的表面上切下多余的材料层,形成切屑和已加工表面的过程。这一过程很复杂,会出现一系列的物理现象,如切削力、切削热、刀具磨损、表面变形强化和残余应力等。另外,积屑瘤、振动等也都与切削过程有关。上述一些现象将直接或间接地影响加工质量和生产效率。

切削加工时,工件上的一部分金属受到刀具的挤压而产生弹性变形和塑性变形。如图 1 – 22 所示,切削塑性金属时,当工件受到刀具挤压后,切削层金属在 OA 线以左只有弹性变形。越靠近 OA,弹性变形越大,在 OA 面上应力达到材料的屈服点 σ_s,晶粒内部原子沿滑移平面发生滑移,使晶粒由圆颗粒逐渐呈椭圆形。刀具继续移动,产生滑移变形的金属逐渐向前刀面靠拢,应力和变形也逐渐增大。当到达终滑移线 OE 时,被切削材料的流动方向与前刀面平行。由此可见,切削层的金属经 OA 到 OE 的塑性变形区脱离工件母体后,沿前刀面流出而形成切屑,完成切离。OE 与切削速度方向之间的夹角 φ 角称为滑移角,也叫剪切角。由此可见,金属切削过程的实质是一个挤压变形切离过程,塑性金属切削经历了弹性变形、塑性变形、剪切滑移和切离四个阶段。

切削塑性金属时有三个变形区,如图 1 – 23 所示。Ⅰ区域为第一变形区,又称基本变形区。该区域是被切削层金属产生剪切滑移和大量塑性变形的区域,切削过程中的切削力、切削热主要来自这个区域,机床提供的大部分能量也主要消耗在这个区域。Ⅱ区域为第二变形区,是刀具前刀面与切屑的挤压摩擦变形区。该区域的状况对积屑瘤的形成和前刀面磨损有直接影响。Ⅲ区域为第三变形区,是工件已加工表面与刀具后刀面间的挤压摩擦变形区。该区域的状况对工件表面的变形强化(也称加工硬化)、残余应力及刀具后刀面的磨损有很大影响。其中第一变形区的变形最大。

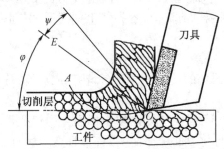

图 1 – 22 切削塑性金属的变形情况

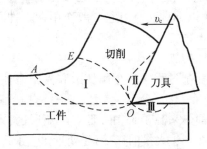

图 1 – 23 切削过程中的三个变形区

1.2.4　刀具切削过程中的物理现象

1. 总切削力

刀具在切削工件时,必须克服材料的变形抗力,克服刀具与工件,以及刀具与切屑之间的摩擦力,切下切屑,这些作用力就构成了总切削力。

总切削力来源于三个变形区,具体来源于两个方面:一是用于使工件上被切削金属产生弹性变形和塑性变形;二是用于克服切屑与前刀面间的摩擦力,以及后刀面与工件间的摩擦力。如图 1-24 所示,图中 F_γ 表示前刀面上克服的阻力,F_α 表示后刀面上克服的阻力。

切削力使工艺系统(机床—夹具—刀具—工件)变形,影响加工精度。它还直接影响切削热的多少,并进而影响刀具磨损及寿命和已加工表面质量。切削力是设计机床、刀具、夹具的重要依据。

实际加工中,总切削力的方向和大小都不易直接测定,也没有直接测定它的必要。为了适应设计和工艺分析的需要,一般不是直接研究总切削力,而是研究它在一定方向上的分力。总切削力 F 可分解成切削力 F_c、进给力 F_f、背向力 F_p 三个相互垂直的分力,总切削力 F 与三个切削分力的关系为 $F = \sqrt{F_c^2 + F_f^2 + F_p^2}$,如图 1-25 所示。

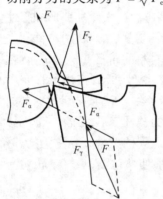

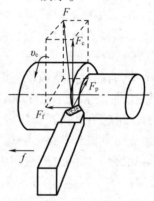

图 1-24　切削时总切削力 F 的分解平面图　　**图 1-25　切削时总切削力 F 的分解**

(1)切削力 F_c。它是总切削力在主运动方向上的正投影。其数值大小一般在三个分力中最大,消耗动力也是最多的,占机床总功率的 95% ~99%。

(2)进给力 F_f。它是总切削力在进给运动方向上的正投影。它一般只消耗总功率的 5% ~1%。

(3)背向力 F_p。它是总切削力在垂直于工作平面上的分力。因为这个方向上运动速度为零,所以不做功。但它一般作用在工件刚度较弱的方向上,容易使工件变形,引起振动,影响加工精度。

2. 切削热

在切削过程中使金属变形和克服摩擦力所消耗的功,绝大部分都转变成热能,称为切削热。

切削热来源于 I,II,III 三个变形区:第 I 变形区,由于切削层金属发生弹性变形和塑性变形而产生大量的热;第 II 变形区,由于切屑与前刀面摩擦而生热;第 III 变形区,由于工件与后刀面摩擦而生热。切削塑性金属时,切削热主要来自 I,II 变形区;切削脆性金属时,切削热主要来自Ⅰ,Ⅲ变形区,如图 1 - 26 所示。

切削热对加工有很大的不利影响,刀头上的温度最高点可达 1 000 ℃以上,导致刀具材料的金相组织发生变化,使刀具硬度降低,严重时甚至使刀具丧失切削性能而加速刀具磨损。传入工件的热量,可能使工件变形,从而产生形状和尺寸误差,影响加工精度和表面质量。

切削热产生后,经切屑、刀具、工件和周围介质向外传散,传散的热量分解对应图 1 - 27 中的 Q_c,Q_t,Q_w 和 Q_m。不同的加工方式,切削热传散的比例也不相同,如表 1 - 3 所示。传入切屑和介质中的热量越多,对加工越有利。

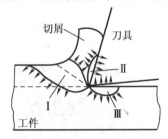
图 1 - 26　切削热来源

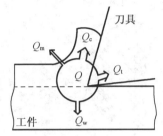
图 1 - 27　切削热的传散

表 1 - 3　不同加工方式切削热传散比例

加工方法	切屑	工件	刀具或磨具	介质
车、铣、刨、镗、拉削	50% ~ 80%	10% ~ 40%	3% ~ 9%	1%
钻削	28%	14%	53%	5%
磨削	4%	60% ~ 80%	12%	

3.积屑瘤

当以中等切削速度切削塑性较好的金属时,切削温度在 300 ℃左右,刀尖附近的"滞留层"金属与切屑分离被"冷焊"在前刀面上,形成"瘤"状硬金属块,称为积屑瘤,如图 1 - 28 所示。例如,切削钢、球墨铸铁、铝合金等塑性金属时,在切削速度不高,而又能形成带状切屑的情况下,常常有一些金属冷焊(黏结)沉积在前刀面上,形成硬度很高的楔块,它能代替前刀面和切削刃进行切削,这个小硬块就是积屑瘤。

(1)积屑瘤的形成及对切削加工的影响

如图 1 - 28 所示,当被切下的切屑沿前刀面流出时,在一定的温度和压力作用下,切屑底层受到很大的摩擦阻力,使该底层金属的流动速度降低而形成"滞流层"。当滞流层金属与前刀面之间的摩接力超过切屑内部的结合力时,就有一部分金属黏结在刀刃附近而形成积屑瘤。在积屑瘤形成过程中,积屑瘤不断长高,长到一定的高度后因不能承受切削力而破坏脱落,因此,积屑瘤的形成是一个时生时灭、周而复始的动态过程。

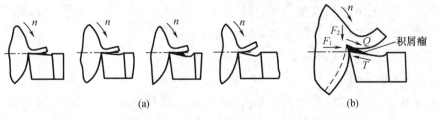
(a)　　　　　　　　　　　　　　　　(b)

图 1 - 28　积屑瘤的形成和破坏

积屑瘤对切削加工的影响既有利也有弊,如图1-29所示。有利的一面是:积屑瘤附在刀尖上,代替刀刃切削,对刀刃有一定的保护作用;积屑瘤使实际工作前角加大,切削变得轻快。不利的一面是:积屑瘤的尖端伸出刀尖之外,就会不断地脱落和重新产生,形成积屑瘤时生时灭现象,使背吃刀量 α_p 不断变化,会在已加工表面留下不均匀的沟痕,并有一些附着在已加工工件表面上,影响加工尺寸和表面粗糙度 Ra 值。因此,粗加工可利用积屑瘤保护刀尖;精加工必须避免积屑瘤,以保证加工质量。

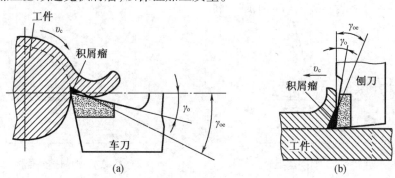

图1-29　积屑瘤对切削加工的影响示意图

(a)车刀上形成的积屑瘤;(b)刨刀上形成的积屑瘤

(2)影响积屑瘤的因素及控制方法

工件材质和切削速度是产生积屑瘤的最主要因素。

工件材质对积屑瘤的影响,主要是通过被切削材料的塑性和硬度起作用的。对塑性较大、硬度低的材料,切削加工时,容易产生积屑瘤;而切削塑性较小、硬度高的材料,则不易产生积屑瘤,或所产生积屑瘤的高度相对较小;切削脆性材料时所形成的崩碎切屑不与前刀面产生剧烈摩擦,因此一般不产生积屑瘤。

切削速度对积屑瘤的影响,主要是通过切削温度和摩擦系数起作用的。切削速度很低($v_c < 5$ m/min)时,切屑流动较慢,切削温度很低,切屑与前刀面的摩擦系数很小,不会产生黏结现象,不会产生积屑瘤。当切削速度提高($v_c = 5 \sim 60$ m/min)时,切屑流动加快,切削温度较高,切屑与前刀面的摩擦系数较大,与前刀面容易黏结产生积屑瘤。切削结构钢时,$v_c = 20$ m/min,切削温度在 $300 \sim 350$ ℃,摩擦系数最大,积屑瘤也最大。当切削速度很高($v_c > 100$ m/min)时,由于切削温度很高,使切屑底层金属呈微熔状态,摩擦系数明显减小,也不会产生积屑瘤。

为了避免产生积屑瘤,一般精车、精铣采用高的切削速度($v_c > 60$ m/min,尤其是 $v_c > 100$ m/min),而拉削、铰孔和宽刃精刨则采用低的切削速度($v_c < 5$ m/min)。增大前角以减小切屑变形,用油石仔细研磨前刀面以减小摩擦,以及选用合适的切削液以降低切削温度和减小摩擦,都是防止产生积屑瘤的重要措施。

4.表面变形强化及残余应力

(1)表面变形强化

切削塑性金属时,工件已加工表面层硬度明显提高而塑性下降的现象称为表面变形强化。从图1-23中可见,第Ⅰ,Ⅲ变形区均扩展到切削层以下,使即将成为已加工表面的表层金属产生一定的塑性变形。又如图 1 − 30 所示,刀具刃口不可能绝对锋利,总有一段纯圆半径 r_ε 的刀尖圆弧,导致切屑与工件基体的分离点 O 不在刃口圆弧的最低点,而有一层厚度为 ΔH 的金属层留下来,经 O 点以下刃口弧面的挤压变形后成为已加工表面,ΔH 减薄到 Δh。因为刀具挤压变形后,金属塑性变形部分不能恢复,恢复的只是弹性变形部分(即 Δh)。塑性变形越大,表面变形强化越严重。

表面变形强化可提高零件的耐磨性和疲劳强度,但变形强化也会加剧刀具磨损,给某些后续工序(如刮削)带来不便。在切削加工时,可通过控制零件表层金属塑性变形的大小,适当控制表面变形强化。

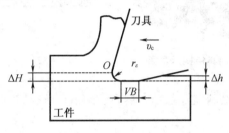

图 1 − 30 表面变形强化

(2)残余应力

残余应力是指外力消失后,残存在物体内部而总体又保持平衡的内应力。在切削加工过程中,由于金属的塑性变形以及切削力、切削热等因素的综合作用,在已加工表面层的一定深度内,常有一定的残余应力。表面残余应力往往与表面变形强化同时出现,它会影响零件尺寸精度、表面质量和使用性能。残余应力有残余拉应力和残余压应力之别,残余拉应力易使已加工表面发生微观裂纹,降低零件的疲劳强度;而残余压应力有时却能提高零件的疲劳强度,提高耐腐蚀性能。工件各部分的残余应力如果分布不均匀,会使工件发生变形,影响形状和尺寸精度。凡能减小金属塑性变形和降低切削力、切削温度的措施,均可使已加工表面表层残余应力减小。

1.3 磨具及磨削过程

用砂轮或其他磨具加工工件,称为磨削,它是机械制造中常用的加工方法之一。磨削的应用范围很广,可以加工外圆、内孔、平面、螺纹、花键、齿轮以及钢材切断等。磨削加工的材料也很广泛,如钢、铸铁、淬硬钢、硬质合金、陶瓷、玻璃、石材、木材和塑料等。磨削常用于精加工和超精加工,也可用于荒加工(如磨削钢坯、磨割浇冒口等)。

1.3.1 磨具

磨具是以磨料为主制造而成的一类切削工具。它是用结合剂将许多细微、坚硬和形状不规则的磨料磨粒按一定要求粘接制成的。磨具的种类很多,有砂轮、油石、砂纸、砂布、砂带以及用油剂调制的研磨膏等。其中,砂轮是磨削加工中应用最广的磨具。

由磨料加结合剂用烧结的方法而制成的具有一定形状的多孔物体称为固结磨具。砂轮、油石属于固结磨具,如图 1-31 所示。以具有一定强度和韧性的纸质、布质为基体在其中一面上用结合剂黏结磨料固结而成的磨具称为涂覆磨具。砂纸、砂布和砂带属于涂覆磨具,其结构示意图如图 1-32 所示。

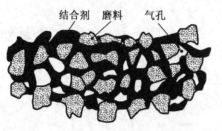

图 1-31　固结磨具结构示意图　　　　图 1-32　涂覆磨具结构示意图

磨具的组成要素包括磨料、粒度、结合剂、硬度、组织、形状和尺寸等。

1. 磨料

磨料是组成磨具的主要原料,直接担负切削工作。磨料分为天然磨料和人造磨料两大类。

常用人造磨料有棕刚玉(A)、白刚玉(WA)、铬刚玉(PA)、黑碳化硅(C)、绿碳化硅(GC)、人造金刚石(MBD,RVD,SCD 和 M-SD 等)和立方氮化硼(CBN)等。

2. 粒度

粒度是指磨料颗粒的尺寸,其大小用粒度号表示。GB/T 2481.1—1998 和 GB/T 2481.2—1998 规定了固结磨具用磨粒和微粉的分类。

磨粒用筛选法分级,F 后面的数字大致为每英寸筛网长度上筛孔的数目,分为粗粒(F4,F5,F6,F8,F10,F12,F14,F16,F20,F22,F24)、中粒(F30,F36,F40,F46)、细粒(F54,F60,F70,F80,F90,F100)、微粒(F120,F150,F180,F220)四种。粗粒磨具用于荒磨;中粒磨具用于一般磨削,表面粗糙度 Ra 值可达 0.8 μm;细粒磨具用于精磨和成形磨削,表面粗糙度 Ra 值可达 0.8~0.1 μm;微粒磨具用于精磨、精密磨、超精磨、成形磨、刃磨刀具、珩磨等。

微粉用沉降法分级(主要用光电沉淀仪区分)。微粉的粒度号有:F230,F240,F280,F320,F360,F400,F500,F600,F800,F1000,F1200。它多用于研磨等精密加工和超精密加工,表面粗糙度 Ra 值可达 0.05~0.01 μm。

3. 结合剂

结合剂是磨具中用以黏结磨料的物质。其种类及作用是:陶瓷结合剂(V)适用于外圆、内圆、平面、无心磨削和成形磨削等,树脂结合剂(B)适用于切断和开槽的薄片砂轮及 v_c > 50 m/s 的高速磨削砂轮,橡胶结合剂(R)适用于无心磨削导轮、抛光砂轮等。结合剂的性能决定了磨具的强度、耐冲击性、耐磨性和耐热性,对磨削温度和磨削表面质量也有一定的影响。

4. 硬度

磨粒在外力作用下从磨具表面脱落的难易程度称为硬度。它反映结合剂固结磨粒的牢固程度。容易脱落的,则磨具硬度低,反之则硬度高。国标对磨具硬度规定了 16 个级别:

D,E,F(超软);G,H,J(软);K,L(中软);M,N(中);P,Q,R(中硬);S,T(硬);Y(超硬)。磨削未淬硬钢选用 L~N 的砂轮,磨削淬火合金钢选用 H~K 的砂轮,高表面质量磨削时选用 K~L 的砂轮,刃磨硬质合金刀具选用 H~J 的砂轮,普通磨削常用 G~N 的砂轮。

5. 组织

组织表示磨具中磨料、结合剂和气孔间的体积比例关系。磨粒在磨具中占有的体积百分比称为磨粒率。当磨粒率较大时,气孔体积小,则组织紧密;反之则组织疏松。国标规定了 15 个组织号:0,1,…,14。0 号最紧密,14 号最疏松。普通磨削常用 4~7 号组织(即中等组织)的砂轮。

6. 形状和尺寸

磨具的形状和尺寸是根据机床类别和加工要求进行设计的,以适应不同的用途。常用砂轮、油石的形状、代号和用途如表 1-4 和表 1-5 所示。

表 1-4　常用砂轮的形状、代号和用途

砂轮名称	断面形状	代号	用途
平形砂轮	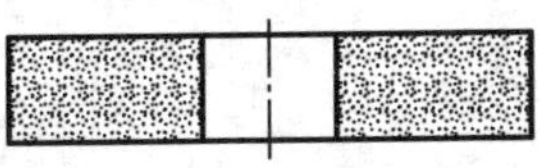	1	磨外圆、内孔、平面及刃磨刀具
圆筒砂轮	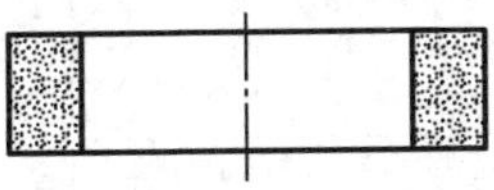	2	端磨平面
双斜边砂轮	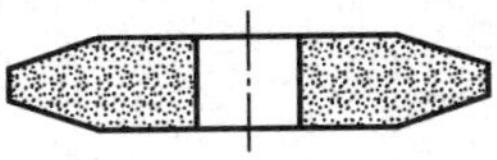	4	磨削齿轮和螺纹
杯形砂轮	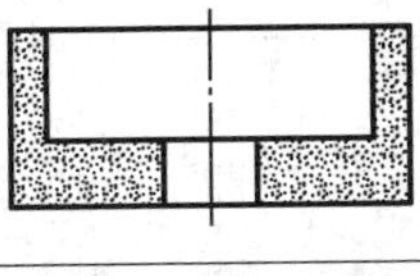	6	磨削平面、内孔及刃磨刀具后刀面
双面凹一号砂轮	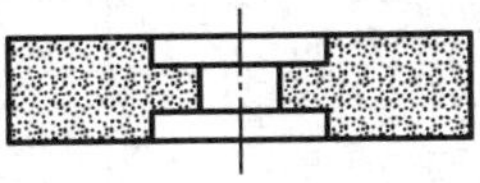	7	磨外圆、无心磨的砂轮和导轮、刃磨车刀后刀面
碗形砂轮	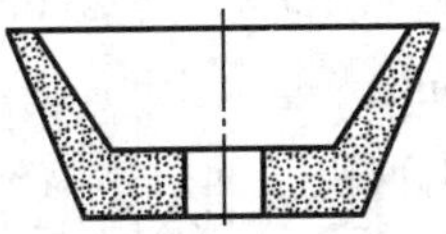	11	刃磨刀具、磨削导轨
碟形一号砂轮	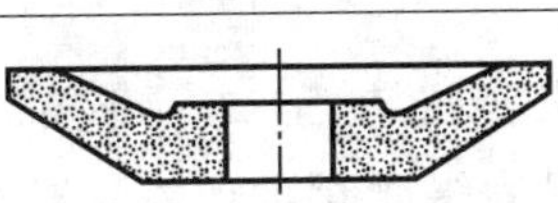	12a	刃磨铣刀、铰刀、拉刀等刀具的前刀面,磨削齿轮的齿形
薄片砂轮		41	切断及磨槽

表 1 – 5　常用油石的形状、代号和用途

油石名称	简图	代号	用途
正方油石	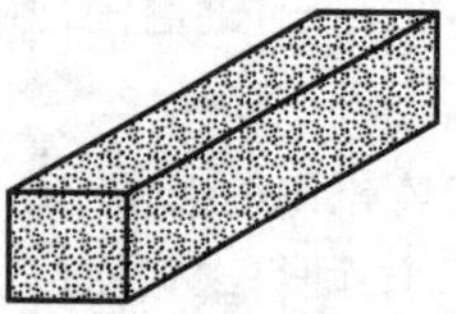	SF	用于超精加工、珩磨和钳工
长方油石	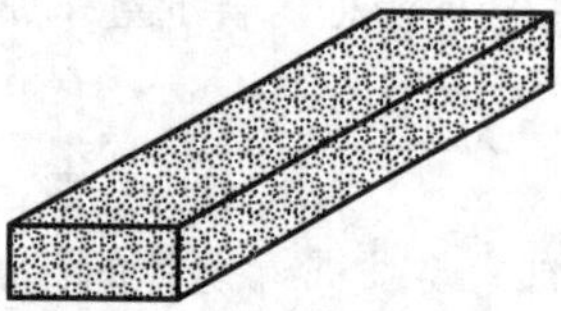	SC	用于珩磨、抛光、去毛刺和钳工
三角油石	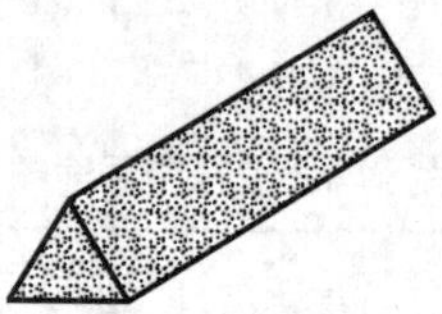	SJ	用于珩磨齿轮齿面、修理零件表面和钳工
圆柱油石	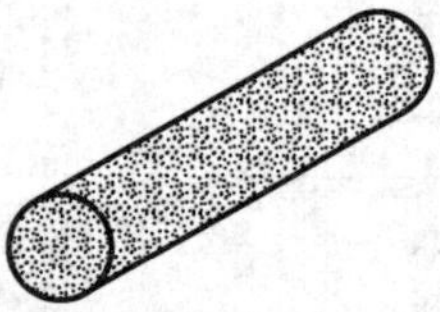	SY	用于珩磨齿轮齿面、形面和钳工
半圆油石	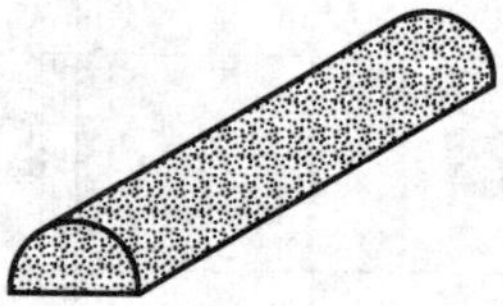	SB	用于钳工

7. 磨具标记

磨具标记的书写顺序为:形状、尺寸、磨料、粒度、硬度、组织、结合剂和最高工作线速度(此项为砂轮所独有)。

(1)砂轮标记

砂轮的标志印在砂轮端面上。例如:1—300 × 50 × 75—AF60L5V—35 m/s,表示该砂轮为平形砂轮(1),外径为 300 mm,厚度为 50 mm,内径为 75 mm,磨料为棕刚玉(A),粒度号为 F60,硬度为中软2(L),组织号为5,结合剂为陶瓷(V),最高圆周速度为 35 m/s。

(2)油石标记

以长方油石为例:SC200 × 40 × 25GCF60H6V,SC 表示该油石为长方油石,长度为200 mm,宽度为 40 mm,高度为 25mm,磨料为绿碳化硅(GC),粒度号为 F60,硬度为软2(H),组织号为6,结合剂为陶瓷(V)。

(3)砂带标记

以常用的一种磨削砂带为例:DWBN80 × 2 500WAP60,DWBN 为耐水无接头环形布砂带,80 × 2 500 为宽度和周长尺寸,磨料为白刚玉(WA),磨料粒度号为 P60(涂覆磨料)。

1.3.2　磨削过程

1. 磨削过程的实质

从本质上讲,磨削也是一种切削。如图 1-33 所示,砂轮上的磨粒是形状很不规则的多面体,其表面上的每个磨粒,均可以近似地看成一个微小刀齿,每个突出的磨粒尖棱可以视为一个微小的切削刃。因此,砂轮可以看作是具有极多微小刀齿的铣刀,这些刀齿随机地排列在砂轮表面上,它们的几何形状和切削角度有着很大差异,各自的工作情况差距很大。

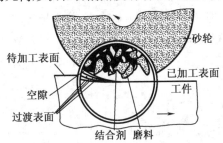

图 1-33　砂轮及磨削示意图

如图 1-34 所示,磨削时磨粒磨削厚度由零开始逐渐增大。不同粒度号磨粒的顶尖角 β 在 $90° \sim 120°$ 之间,具有很大的负前角和较大的尖端圆角半径 r_g。因此,当磨粒刚进入磨削区切削工件时,只能在工件表面进行滑擦,这时磨削表面产生弹性变形。当磨粒继续切削工件,磨粒作用在工件上的法向力 F_n 增大到一定值时,工件表面产生塑性变形,使磨粒前方受挤压的金属向两边塑性流动,在工件表面上耕犁出沟槽,而沟槽两侧微微隆起,如图 1-35 所示。当磨粒继续切入工件,其切削厚度增大到一定数值后,磨粒前方的金属在磨粒的挤压作用下,发生滑移而成为磨屑。因此,磨粒完整的磨削过程经历滑擦、刻划和切削三个阶段。

由于各个磨粒形状、分布和高低各不相同,其磨削过程也有差异。磨削时,比较锋利且比较突出的磨粒可以获得较大的切削层厚度,经过滑擦、耕犁和切削三个阶段,使被磨去的材料形成非常微细的磨屑,由于磨削温度很高,从而使磨屑飞出时氧化形成火花;不太突出或磨钝的磨粒,只是在工件表面上刻划出细小的沟槽,使金属向两边塑性流动,在沟槽两边形成微微隆起;比较凹下的或更钝的磨粒,既不切削也不刻划工件,只是从工件表面滑擦而过,起抛光作用。由此可见,磨削过程的实质是切削、刻划和抛光的综合作用过程。

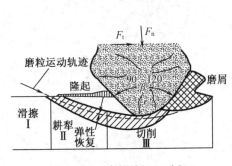

图 1-34　磨粒的切入过程

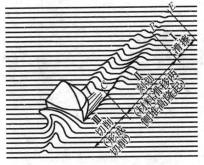

图 1-35　磨削过程的隆起现象

磨削过程中,砂轮表层参与磨削的磨粒在高速、高压与高温的作用下,将逐渐磨损而变得圆钝。圆钝的磨粒,切削能力下降,作用于其上的力不断增大。当此力超过砂轮结合剂的黏结力时,圆钝的磨粒就会从砂轮表面脱落,露出一层新鲜锋利的磨粒,继续进行磨削。当此力超过磨粒强度极限时,磨粒就会破碎。另外,磨粒在磨削的瞬间升到高温,又在切削液的作用下骤冷,这种急热骤冷的频率极高,在磨粒中产生很大的热应力,磨粒容易因为热疲劳而碎裂。总之,磨粒破碎后产生新的比较锋利的棱角,代替旧的圆钝磨粒进行磨削。砂轮的这种自行推陈出新、保持自身锋锐的性能,称为"自锐性"。

虽然砂轮具有自锐性,但由于磨屑和破碎的磨粒会把砂轮堵塞,使其钝化而丧失磨削能力。另外,磨粒随机脱落的不均匀性,还会使砂轮丧失外形精度。因此,在砂轮使用一定时间后,就需用金刚石工具对其进行修整,以恢复它的磨削能力和外形精度。

2. 磨削过程的特点

(1) 加工精度高和表面粗糙度值小

磨削的砂轮表面有极多的切削刃,并且刃口圆弧半径 r_ε 远小于一般车刀和铣刀的刃口圆弧半径。磨削时较锋利的切削刃能够切下一层很薄的金属,切削厚度可以小到数微米,这是精密加工必须具备的条件之一。磨削用的磨床,比一般切削加工机床的精度高,刚度及稳定性好,并且具有控制磨削深度的微量进给机构,可以进行微量磨削,从而保证了精密加工的实现。

磨削时,当磨粒以很高的切削速度从工件表面切过时,同时有很多切削刃进行切削,而且磨削速度越高,同时参加磨削的磨粒越多。隆起残余量随磨削速度提高而成正比下降,当磨削速度 v_c 达到一定值时,隆起残余量可趋近于零。这是由于塑性变形的传播速度远小于磨削速度,使磨粒侧面的材料来不及变形的缘故,因此,高速磨削能减小表面粗糙度值。修整过的砂轮,利用磨粒的微刃性和微刃的等高性(图 1-36),并采用更小的磨削用量,可形成超精密低粗糙度磨削过程。利用这些锋利的等高微刃进行极细切削和半圆钝的微刃对工件表面进行摩擦抛光的综合作用,可使工件表面粗糙度 Ra 值达 $0.025 \sim 0.012\ \mu m$。

(2) 背向磨削力 F_p 较大

磨削时砂轮作用在工件上的力称为总磨削力 F。总磨削力也可以分解成磨削力 F_c、背向磨削力 F_p 和进给磨削力 F_f 三个相互垂直的分力,如图 1-37 所示。

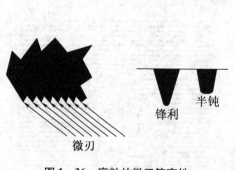

图 1-36　磨粒的微刃等高性

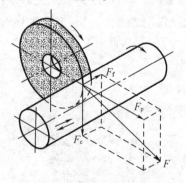

图 1-37　总磨削力及其分解

磨削时,F_c 较小,这是由于背吃刀量较小;而 F_f 更小,一般可忽略不计;但 F_p 很大,

$F_p/F_c = 1.5 \sim 4$。这是由于砂轮宽度较大,磨粒又是以很大的负前角切削的缘故。在刀具切削加工中,一般是 F_c 最大,而磨削时是 F_p 最大,这是磨削加工的一个显著特点。

背向磨削力 F_p 作用于砂轮切入方向,砂轮以很大的力推压工件,从而加速砂轮钝化,使砂轮轴和工件均产生弯曲变形,工件易出现圆柱度误差,直接影响工件的形状误差和表面质量。实际中,可采用增加光磨次数或辅助支承,以消除或减小因 F_p 所引起的形状误差。

（3）磨削温度高

磨削时滑擦、刻划和切削三个阶段所消耗的能量绝大部分转化为热量,这是磨削过程中磨削热产生的根源。磨削时产生的切削热不仅比刀具切削大得多,而且切削热传散差。因砂轮的导热性差,所以砂轮高速磨削时,瞬时产生的大量热,来不及通过砂轮和磨屑传出而瞬时聚集在工件表层,形成很大温度梯度。一般有 80% 的热量传入工件（刀具切削低于20%）,有时使工件表层温度可达 1 000 ℃ 以上,而表层 1 mm 以下可接近室温。当局部温度很高时,表面易产生热应力、热变形以及退火,甚至会产生表面烧伤等质量缺陷。为此,磨削时需施加大量切削液,以降低磨削温度。

（4）表面变形强化和残余应力严重

与刀具切削相比,虽然磨削的表面变形强化和残余应力层要浅得多,但程度却很严重,这对零件的加工工艺、加工精度和使用性能均有一定影响。例如,磨削薄板类工件时,如图1 - 38 所示,表层金属由于高温（800 ~ 900 ℃）,弹性几乎全部消失。假设温度低于 800 ℃就立即恢复全部弹性,此时,表层从 800 ℃ 冷却到室温就要收缩,因为表层与基体是一体的,所以这个收缩将受到阻止,又由于这层金属是弹性体,不能收缩就必然产生拉应力 $\sigma_+ = 1\,966$ MPa。这个数字相当大,已超过一般钢材的极限强度,所以,因磨削区高温而引起的残余应力足以使工件产生裂纹。另外磨削时的高温使局部金相组织变化引起的表面残余应力也是不容忽视的。例如,磨削淬火钢时,原来的组织是马氏体,磨削加工后,表层有可能回火转化成接近珠光体的屈氏体或索氏体,表层密度增大或者说比容积减小,这样表面层金相组织的变化也能引起相当大的残余应力。磨削加工时,减少热量产生（例如,合理选择砂轮和磨削用量,及时修整砂轮等）、防止热源影响（例如,将热源分离为独立单元等）、施加充足的切削液、增加光磨次数、均衡温度场、采取补偿措施等均可在一定程度上减小表面变形强化和残余应力。

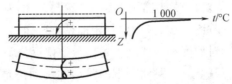

图 1 - 38　薄板工件磨削后产生的变形和应力分布

1.4　机械加工质量

产品质量取决于零件质量和装配质量,零件的制造质量将直接影响产品的性能、效率、寿命及可靠性等质量指标,它是保证产品制造质量的基础。零件质量既与材料性能有关,也与加工过程有关。零件的加工质量包括加工精度和表面质量。

1.4.1　加工精度

1. 加工精度

加工精度指的是零件在加工以后的实际几何参数(尺寸、形状和表面间的相互位置)与理想几何参数的符合程度。加工后零件的实际几何参数与理想几何参数之间的偏差程度即为加工误差。加工精度的高低由加工误差的大小来表示。从保证产品的使用性能来分析,允许存在一定的加工误差。从加工角度分析,加工后实际几何参数与理想几何参数也不可能完全符合,允许存在一定的加工误差。控制零件加工后的加工误差处于零件图规定的偏差范围内,零件即为合格品。

加工精度包括尺寸精度、形状精度和位置精度。

(1)尺寸精度

尺寸精度指的是零件的直径、长度、表面间距离等尺寸的实际数值与理想数值的接近程度。尺寸精度的高低,用尺寸公差表示。国家标准 GB/T 1800.2—1998 规定,标准公差分 20 级,即 IT01,IT0,IT1 ~ IT18。IT 表示标准公差,后面的数值越大,精度越低。IT0 ~ IT13 用于配合尺寸,其余用于非配合尺寸。

(2)形状精度

形状精度是零件表面与理想表面之间在形状上接近的程度。评定形状精度的项目有直线度、平面度、圆度、圆柱度、线轮廓度和面轮廓度等 6 项。形状精度是用形状公差来控制的,按 GB/T 1182—1996 规定,各项形状公差,除圆度、圆柱度分 13 个精度等级外,其余均分为 12 个精度等级。1 级最高,12 级最低。

(3)位置精度

位置精度是表面、轴线或对称平面之间的实际位置与理想位置的接近程度。评定位置精度的项目按 GB/T 1182—1996 规定,其中包括定向精度和定位精度,前者指平行度、垂直度与倾斜度,后者指同轴度、对称度和位置度。各项目的位置公差亦分为 12 个精度等级。

此外,还可以采用包括圆跳动、全跳动和端面跳动的跳动公差控制,这是包含了位置精度、形状精度和尺寸精度的一种综合性的加工精度控制。

2. 影响加工精度的主要因素

切削加工中,影响加工精度的主要因素如下:

(1)加工原理误差

加工原理误差是由于采用了近似的加工运动或者近似的刀具轮廓而造成的误差。从加工运动方面讲,理论上应该采用完全合乎理想的、完全准确的加工运动来获得完全准确的成形表面,从刀具轮廓来讲,但这样导致机床结构复杂,难以制造或是机床制造成本过高。例如,用模数铣刀铣齿,理论上要求加工不同模数、齿数的齿轮,就应该用不同模数、齿数的铣刀如图 1-39 所示。这是很不经济的,同时管理也很不方便。生产中为了减少模数铣刀的数量,对于每种模数,只用一套(8 或 15 把)模数铣刀来分别加工在一定齿数范围内的所有齿轮,由于每把铣刀是按照一种模数的一种齿数而设计和制造的,因而加工其他齿数的齿轮时,齿形就有了偏差,即所谓的原理误差。

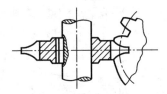

图 1-39　用模数铣刀铣齿轮时的齿形误差

机械加工中,采用近似的成形运动或近似的刀刃形状进行加工,虽然会由此产生一定的原理误差,但却可以简化机床结构和减少刀具数。只要加工误差能够控制在允许的制造公差范围内,就可采用近似加工方法。

(2)机床、刀具及夹具误差

机床、刀具及夹具误差包括制造和磨损两方面。工件的加工精度在很大程度上取决于机床的精度。机床制造误差中对工件加工精度影响较大的误差有主轴回转误差、导轨误差和传动误差。例如卧式车床的纵向导轨在水平面内的直线度误差,直接产生工件直径尺寸误差和圆柱度误差。再如,在车床上精车长轴和深孔时,随着车刀逐渐磨损,工件表面出现锥度而产生其直径尺寸误差和圆柱度误差。

(3)工件装夹误差

工件装夹误差包括定位误差和夹紧误差两方面,它们对加工精度有一定影响。工件或夹具刚度过低或夹紧力作用方向、作用点选择不当,都会使工件或夹具产生变形,造成加工误差。例如,用三爪自定心卡盘装夹薄壁套筒镗孔时,夹紧前薄壁套筒的内外圆是圆的,夹紧后工件呈三棱圆形(图 1-40(a));镗孔后,内孔呈圆形(图 1-40(b));但松夹后,外圆弹性恢复为圆形,所加工孔变成三棱圆形(图 1-40(c)),使镗孔孔径产生加工误差。为减少由此引起的加工误差,可在薄壁套筒外面套上一个开口薄壁过渡环(图 1-40(d)),使夹紧力沿工件圆周均匀分布。

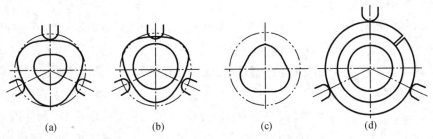

(a)　　　　　　　(b)　　　　　　　(c)　　　　　　　(d)

图 1-40　夹紧力引起的工作形状误差

(a)夹紧后;(b)内圆加工后;(c)装夹松开后;(d)用开口薄壁过渡环装夹

（4）工艺系统变形误差

工艺系统变形误差包括弹性变形误差和热变形误差两方面。

工艺系统在加工过程中由于切削力、夹紧力、传动力、重力、惯性力等外力作用会产生变形而破坏已调整好的刀具和工件间的相对位置，此变形和位置变化造成它们相互间位移。例如光轴工件在两顶尖间加工，近似于一根梁自由支承在两个支点上，在背向力 F_p 的作用下，最后加工出的形状如图 1-41(a)所示。图 1-41(b)(c)则是分别用卡盘、卡盘-顶尖在背向力 F_p 的作用下加工出的零件形状。因此，加工刚度较差的细长轴工件时，常采用中心架或跟刀架等辅助支承，以减小工件受力变形。

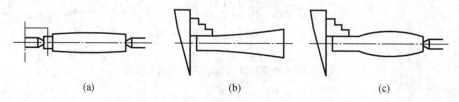

图 1-41　工艺系统受力变形对加工精度的影响

（a）双顶尖时变形；（b）卡盘时变形（c）卡盘-顶尖时变形

切削加工中，由于摩擦热、传动热和外界热源传入的热量，使得机床自身温度升高。以卧式车床为例，由于车床内部热源分布得不均匀和其结构的复杂性，其各部件的温升是各不相同的。车床零部件间会产生不均匀的变形，这就破坏了车床各部件原有的相互位置关系。车床部件中受热最多且变形最大的是主轴箱，车床主轴箱的温升将使主轴升高，由于主轴前轴承的发热量大于后轴承的发热量，故主轴前端比后端高，主轴箱的热量传给床身，还会使床身和导轨向上凸起。图 1-42 中的虚线表示车床的热变形，影响加工精度最大的是主轴轴线的抬高和倾斜。

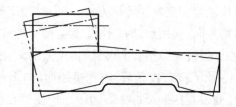

图 1-42　车床的热变形示意图

（5）工件内应力

内应力亦称残余应力，是指在没有外力作用下或去除外力作用后残留在工件内部的应力。工件一旦有内应力产生，就会使工件材料处于一种高能位的不稳定状态，它本能地要向低能位转化。转化速度或快或慢，其速度取决于外界条件。工件内应力总是拉应力与压应力并存，而总体处于平衡状态。当外界条件发生变化，如温度改变或从表面再切去一层金属后，内应力的平衡即遭到破坏，内应力就将重新分布以达到新的平衡，并伴随有变形发生，使工件产生加工误差。这种变形有时需要较长时间，从而影响零件加工精度的稳定性。因此，常采用粗、精加工分开，或粗、精加工分开且在其间安排时效处理，以减少或消除内应力。

（6）调整误差

在机械加工过程中，存在着许多工艺系统调整的问题，例如，调整夹具在机床上的位置，调整刀具相对于工件的位置等。由于调整不可能绝对准确，由此产生的误差，称为调整误差。引起调整误差的因素很多，例如调整时所用刻度盘、样板或样件等的制造误差及磨损，测量用的仪表、量具本身的制造误差及使用过程中的磨损等。

（7）测量误差

测量误差是工件的测量尺寸与实际尺寸的差值。加工一般精度的零件时，测量误差可占工序尺寸公差的 $1/10 \sim 1/5$；加工精密零件时，测量误差可占工序尺寸公差的 $1/3$ 左右。

产生测量误差的主要原因有量具量仪本身的制造误差及磨损，测量过程中环境温度的影响，测量者的测量读数误差，测量者施力不当引起量具量仪的变形等。在测量条件中，以温度和测量力的影响最为显著。测量误差一般应控制在工件公差的 $1/10 \sim 1/6$ 以内。

1.4.2　表面质量

零件的机械加工表面质量是零件加工质量的另一重要方面，对机器零件的使用性能，如耐磨性、接触刚度、疲劳强度、配合性质、抗腐蚀性能及精度的稳定性等有很大影响。机器零件的破坏，一般都是从表面层开始，产品的工作性能很大程度取决于零件的表面质量。

1. 表面质量

表面质量是指零件在加工后表面层的状况，包含两方面的内容，表面几何形状特征和表面的物理机械性能。通常包括表面粗糙度、表面变形强化、残余应力、表面裂纹和金相显微组织变化等。对于重要零件，除规定表面粗糙度 Ra 值外，还对表面层加工硬化的程度和深度，以及残留应力的大小和性质（拉应力还是压应力）提出要求。而对于一般的零件，则主要规定其表面粗糙度的数值范围。

（1）表面几何形状特征

无论用何种加工方法加工，零件表面总会留下微细的凸凹不平的刀痕，出现交错起伏的峰谷现象，从而偏离理想的光滑表面而形成微小的几何形状误差，根据加工表面特征，有如下分类。

①表面粗糙度。这种已加工表面具有较小间距和微小峰谷的不平度，表面微观不平的波长 L 与波高 H 的比值小于 50。表面粗糙度常用轮廓算术平均偏差 Ra 之值来表示，Ra 值越小，表面越光滑，反之，表面就越粗糙。为了保证零件的使用性能，要限制表面粗糙度的范围，国标 GB/T 1301—1995 规定了表面粗糙度的评定参数及其数值。

②表面波度。表面微观不平的波长 L 与波高 H 的比值在 $50 \sim 1\ 000$ 之间的周期性形状误差。一般由加工中的低频振动引起。

③表面伤痕。加工表面个别位置出校的缺陷，如砂眼、气孔、裂痕等。

（2）表面的物理机械性能

①表面变形强化和残余应力及表面裂纹。在切削加工过程中，由于前刀面的推挤以及后刀面的挤压与摩擦，工件已加工表面层的晶粒发生很大的变形，致使其硬度比原来工件材料的硬度有显著提高，产生表面变形强化的现象。已加工表面的变形强化，常常伴随着表面裂纹，因而降低了零件的疲劳强度和耐磨性。

　　由于切削时力和热的作用,在已加工的表面一定深度的表层金属里,常常存在着残余应力和裂纹,影响零件表面质量和使用性能。若各部分的残余应力分布不均匀,还会使零件发生变形,影响工件的尺寸、形状和位置精度。

　　②金相显微组织变化。加工表面温度超过相变温度时,表层金属的金相组织将会发生相变。切削加工时,切削热大部分被切屑带走,因此影响较小。多数情况下,表层金属的金相组织没有质的变化。磨削加工时,切除单位体积材料所需消耗的能量远大于切削加工,所消耗的能量绝大部分要转化为热,磨削热传给工件,使加工表面层金属金相组织发生变化。

　　2. 影响表面质量的主要因素

　　切削加工中影响加工表面质量的因素很多,主要受到刀具形状、材料的性能、切削用量、切屑流动、温度分布和刀具磨损等影响。

　　(1)切削残留面积高度对表面粗糙度的影响

　　切削加工的表面粗糙度值主要取决于切削残留面积的高度。理论残留面积的高度 H 是由于刀具相对于工件表面的运动轨迹所形成,可以根据刀具的主偏角 K_r、副偏角 K_r' 进行计算。由图 1 - 20 可知,减小进给量 f、主偏角 K_r、副偏角 K_r' 均可减小残留面积的高度 H 值,从而减小表面粗糙度 Ra 之值。

　　(2)材料性能对表面粗糙度的影响

　　加工塑性材料时,切削速度 v_c 对加工表面粗糙度的影响,如图 1 - 43 所示。由 1.2.4 节关于积屑瘤形成机理和条件可知,在某一切削速度范围内,容易形成积屑瘤,使表面粗糙度增大。加工脆性材料时,由于不易形成积屑瘤,切削速度对表面粗糙度的影响不大。

　　加工相同材料的工件,晶粒越粗大,切削加工后的表面粗糙度值越大。为减小切削加工后的表面粗糙度值,常在加工前或精加工前对工件进行正火、调质等热处理,以获得均匀细密的晶粒组织,并适当提高材料的硬度。

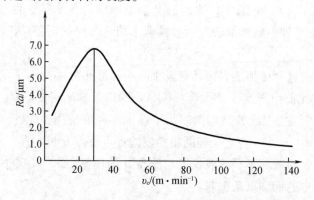

图 1 - 43　切削速度 v_c 对加工表面粗糙度的影响

　　(3)切削用量对表面粗糙度的影响

　　合理选择切削用量,对保证加工质量、提高生产率和保持适当的刀具耐用度等都具有重要的意义。

　　切削速度 v_c 高,切削过程中的切屑和加工表面的塑性变形小。塑性变形程度的减小,加工表面的粗糙度值也小。在较低的切削速度(10 m/min)时,有可能产生积屑瘤和鳞刺,它不仅与切削速度有关,而且与工件材料、金相组织、冷却润滑及刀具状况等有直接关系。

减小进给量 f 可减小粗糙度,另外减小进给量 f 还可以减小塑性变形,也可降低粗糙度。但当 f 过小,则增加刀具与工件表面的挤压次数,使塑性变形增大,反而增大了粗糙度,同时还会延长加工时间,降低生产率。

正常切削时切削深度 a_p 对表面粗糙度影响不大,但在精密加工中却对粗糙度有影响。过小的 a_p 使刀刃圆弧对工件加工表面产生强烈的挤压和摩擦,引起工件的塑性变形,增大粗糙度。

(4)工艺系统振动对表面粗糙度的影响

工艺系统振动使刀具对工件产生周期性的位移,在加工表面上形成类似波纹的痕迹,使表面粗糙度 Ra 值增大,如图 1-44 所示。因此,在切削加工中,应尽量避免振动。

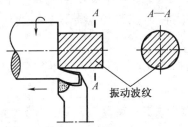

图 1-44　加工表面的振动波纹

(5)残余应力对加工表面质量的影响

机械加工中,零件金属表面层发生形状变化或组织改变时,在表层与基体交界处的晶粒间或原始晶胞内就产生相互平衡的弹性应力,这种应力属于微观应力,即残余应力。各种机械加工方法所得到的表面层都会有或大或小的残余应力。残余拉应力容易使已加工表面发生裂纹,降低零件的疲劳强度;而残余压应力有时却能提高零件的疲劳强度;工件各部分如果残余应力分布不均匀,会使工件发生变形,影响工件的宏观几何形状精度。表 1-6 为各种加工方法在工件表面的残余应力情况。

表 1-6　各种加工方法在工件表面的残余应力

加工方法	残余应力的符号	残余应力值 σ/MPa	残余应力层的深度 h/mm
车削	一般情况下,表面受拉,里层受压;$v_c > 500$ m/min 时,表面受压,里层受拉	200~800,刀具磨损后可达 1 000	一般情况下,0.05~0.1,当用大负前角($\gamma_o = -30°$)车刀,γ_o 很大时,h 可达 0.65
磨削	一般情况下,表面受压,里层受拉	200~1 000	0.05~0.30
铣削	表面受压,里层受拉	600~1 500	
碳钢淬硬	表面受压,里层受拉	400~750	
渗碳淬火	表面受压,里层受拉	1 000~1 100	

1.5   机床夹具及工件的装夹

在机床上加工工件时,为了加工出符合规定技术要求的表面,在加工前需要使工件在机床上占有正确的位置,这一过程称为定位。由于在加工过程中受到切削力、重力、振动、离心力、惯性力等作用,所以还需采用一定的机构(装置),称为夹具。将工件在加工时保持在原先确定的位置上的操作称为夹紧。将工件在机床上实现定位与夹紧的过程称为装夹。

工件在各种不同的机床上进行加工时,由于工件的尺寸、形状、加工要求和生产批量的不同,其装夹方式也不相同,归纳起来主要有:

(1)直接找正法装夹工件,即把工件直接放在机床工作台上或放在四爪单动卡盘、机用台虎钳等机床附件中,根据工件的一个或几个表面用划针或指示表找正工件准确位置后再进行夹紧。

(2)按划线找正法装夹工件,即先按加工要求进行加工面位置的划线工序,然后再按划出的线痕进行找正实现装夹。

(3)用夹具装夹工件,即把工件装在夹具上,不再进行找正,便能直接得到准确加工位置的装夹方式。

机床夹具在机械加工中起着重要的作用,它直接影响机械加工的质量、生产率和生产成本以及工人的劳动强度等。机床夹具是工艺系统的重要组成部分,它在生产中应用非常广泛。

1.5.1   机床夹具

1. 概述

机床夹具就是机床上用以装夹工件(和引导刀具)的一种机床附加装置。其作用是将工件定位,以使工件获得相对机床或刀具的正确位置,并把工件可靠而迅速地夹紧。

现以在车床尾座套筒零件上铣键槽的专用夹具为例来说明机床夹具的应用。

图1-45所示为车床尾座套筒铣键槽的工序简图,其加工要求分别为:①键槽宽度尺寸为12H8;②键槽底面距下母线的距离为64 mm;③键槽长度尺寸为285 mm;④键槽底面对下母线的平行度为0.10 mm;⑤键槽两侧面对工件中心线的对称度为0.02 mm。

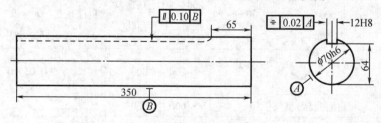

图1-45   车床尾座套筒铣键槽的工序简图

用键槽铣刀或三面刃圆盘铣刀在专用铣床或通用铣床上铣削键槽时,应使工件的轴心线与铣床工作台的进给方向保持平行;且使铣刀底面距工件下母线的距离为 64 mm;使铣刀对称面与工件垂直剖分面重合;键槽宽度尺寸一般是由铣刀本身的尺寸来保证的;为了保证键槽的长度尺寸,应调整铣床的行程挡块使键槽长度达到要求尺寸时停止进给。这样就可以加工出合乎要求的键槽。本例采用三面刃圆盘铣刀加工键槽。

对于批量生产,为了保证工件能快速地通过简单装夹而获得上述要求的正确位置,需要使用图 1-46 所示的夹具。

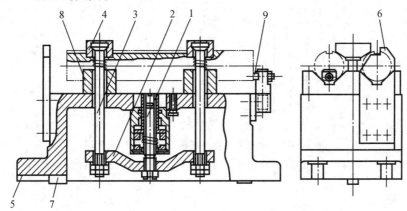

图 1-46　车床尾座套筒铣键槽夹具

1—油缸;2—杠杆;3—拉杆;4—压板;5—夹具体;6—对刀装置;7—定向键;8—V 形块;9—限位螺钉

夹具如图 1-47 所示安装在铣床工作台上,图 1-46 中的夹具体 5 的底面与铣床工作台台面紧密接触,图 1-46 中的两个定向键 7 嵌在工作台的 T 形槽内与 T 形槽的侧面相配合,用螺钉紧固。然后用图 1-46 中的对刀装置 6 及塞尺调整夹具相对铣刀的位置,使铣刀侧刃和周刃与图 1-46 中的对刀装置 6 的距离正好是 3 mm (此为塞尺厚度)。机床工作台(连同夹具)纵向走刀的终了位置则由行程挡铁控制,挡铁位置可通过试切一个至数个工件来确定。

加工时每次装夹两个工件,分别放在两副 V 形块 8 上,工件右端顶在限位螺钉 9 的头部,这样工件就能自然地在夹具中占有所要求的正确位置。当油缸 1 在压力油作用下通过杠杆 2 将两根拉杆 3 向下拉时,就能带动两块压板 4 同时将工件夹紧,从而保证加工中工件的既定位置不变。

因为在夹具设计制造时,已经保证了对刀块的侧面与 V 形块中心面的距离为键槽宽度(12H8)的一半再加上塞尺厚度 3 mm,也保证了对刀块的底面与放置在 V 形块上的 $\phi70$ mm样柱的下母线的距离为加工要求尺寸 64 mm 减去塞尺厚度 3 mm,同时还保证了 V 形块的中心在垂直面内与夹具底面平行,在水平面内与定向键(2 个)侧面平行,而机床工作台台面和 T 形槽侧面与走刀方向平行,所以工件的正确位置能够保证。

采用夹具装夹工件,既可准确确定工件、机床和刀具三者的相对位置,降低对工人的技术要求,保证工件的加工精度,又可减少工人装卸工件的时间和劳动强度,提高劳动生产率,有时还可扩大机床的使用范围。所以,机床夹具在生产中应用十分广泛。

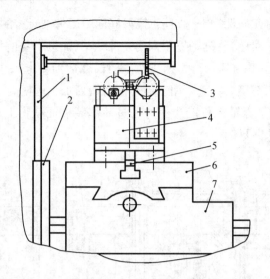

图 1 - 47　铣槽夹具在卧式铣床上的工作原理图

1—铣床床身;2—铣床升降台;3—三面刃圆盘铣刀;4—铣键槽夹具;5—夹具的定位键;6—铣床工作台;7—铣床溜板

2. 机床夹具的作用

(1)保证加工精度

用机床夹具装夹工件,能准确确定工件与刀具、机床之间的相对位置关系,可以保证加工表面的尺寸与位置精度。能够消除受操作者技术的影响、同批生产的零件质量不稳定的现象。

(2)提高生产效率

机床夹具能快速地将工件定位和夹紧,有效减少辅助时间,从而提高工作效率。

(3)减轻劳动强度

机床夹具采用机械、气动、液压夹紧装置,可以减轻工人的劳动强度。

(4)扩大机床的工艺范围

利用机床夹具,能扩大机床的加工范围,实现"一机多用"。例如,在车床或钻床上使用镗模可以代替镗床镗孔,使车床、钻床具有镗床的功能;在刨床上加装夹具后可进行插削、齿轮加工;在车床上加装夹具后可代替拉床进行拉削加工。

3. 机床夹具的分类

(1)按夹具的应用范围分类

①通用夹具。它是指结构已经标准化,且有较大适用范围的夹具。例如,通用三爪自定心卡盘或四爪单动卡盘、机器虎钳、万能分度头、磁力工作台等,适用于单件小批生产。

②专用夹具。它是针对某一工件的某道工序专门设计制造的夹具,一般不能用于其他零件或同一零件的其他工序。专用夹具适用于定型产品的成批大量生产。图 1 - 46 所示夹具就是专用夹具。

③组合夹具。它是用一套预先制造好的标准元件和合件组装而成的夹具。具有设计和组装迅速、周期短、能反复使用等优点,其缺点是体积较大,刚性较差,购置元件和合件一次性投资大。这种夹具用完之后可以拆卸存放,或重新组装成新的夹具。因此,适于在多

品种单件小批生产或新产品试制等场合应用。图 1-48 所示的回转式钻模就是组合夹具。

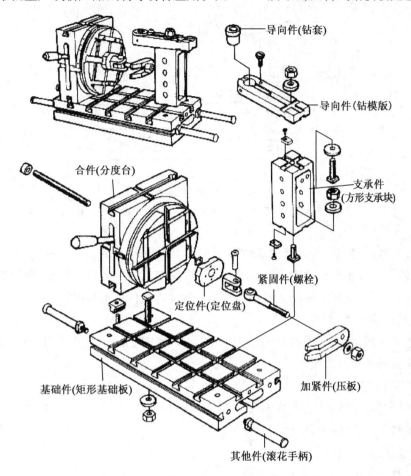

图 1-48　回转式钻模组合夹具

④通用可调夹具和成组夹具。它们的结构比较相似，都是按照经过适当调整可多次使用的原理设计的。通用可调夹具与成组夹具都是把加工工艺相似、形状相似、尺寸相近的工件进行分类或分组，然后按同类或同组的工件统筹考虑设计夹具，其结构上应有可供更换或调整的元件，以适应同类或同组内的不同工件。这两类夹具适用于多品种、小批量生产。

两种夹具的共同特点是：在加工完一种工件后，只需对夹具进行适当调整或更换个别元件，即可用于加工形状和尺寸相近或加工工艺相似的多种工件。它们的不同之处在于：前者的加工对象并不明确，适用范围较广；后者是专为某一零件组的成组加工而设计，其加工对象明确，针对性强，结构更加紧凑。

最典型的通用可调夹具有滑柱钻模及带有各种钳口的机器虎钳等。图 1-49 所示为滑柱钻模，它可以加工多种回转体类零件的端面孔。

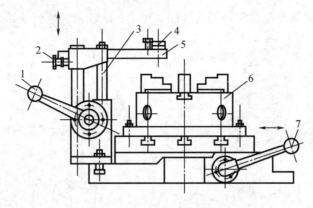

图 1-49　滑柱钻模

1,7—手柄;2—捏手;3—油柱;4—钻套;5—钻模板;6—三爪卡盘

⑤随行夹具。它是一种始终随工件一起沿着自动线移动的夹具。在工件进入自动线加工之前,先将工件装在夹具中,然后夹具连同被加工工件一起沿着自动线依次从一个工位移到下一个工位,直到工件在退出自动线加工时才将工件从夹具中卸下。

（2）按使用机床类型分类

机床类型不同,夹具结构各异,由此可将夹具分为车床夹具、铣床夹具、钻床夹具、磨床夹具和组合机床夹具等类型。

（3）按夹具动力源分类

按夹具所用夹紧动力源,可将夹具分为手动夹紧夹具、气动夹紧夹具、液压夹紧夹具、气液联动夹紧夹具、电磁夹具、真空夹具等。

4.专用机床夹具的组成

专用夹具一般由下列元件或装置组成。

（1）定位元件。它是用来确定工件正确位置的元件。被加工工件的定位基面与夹具定位元件直接接触或相配合。如图 1-46 中的 V 形块 8 和限位螺钉 9。

（2）夹紧装置。它是使工件在外力作用下仍能保持其正确定位位置的装置。如图 1-46 中由油缸 1、杠杆 2、拉杆 3 及压板 4 等组成的夹紧装置。

（3）对刀元件、导向元件。它是指夹具中用于确定刀具（或引导）相对于夹具定位元件具有正确位置关系的元件,例如钻套、镗套、对刀块等。如图 1-46 中的对刀装置 6。

（4）连接元件。它是指用于确定夹具在机床上具有正确位置并与之连接的元件。例如,安装在铣床夹具底面上的定位键等。如图 1-46 中的定向键 7。

（5）其他元件及装置。根据加工要求,有些夹具尚需设置分度转位装置、靠模装置、工件抬起装置和辅助支承等装置。

（6）夹具体。它是用于连接夹具元件和有关装置使之成为一个整体的基础件,夹具通过夹具体与机床连接,夹具体是夹具的基座和骨架。如图 1-46 中的元件 5。

定位元件、夹紧装置和夹具体是夹具的基本组成部分,其他部分可根据需要设置。

1.5.2　工件的定位

1. 六点定位原理

工件在空间可能具有的运动称为工件的自由度。在空间直角坐标系中,不受任何限制的工件具有六个独立的自由度,如图 1-50(a) 所示,即沿三个互相垂直坐标轴的移动(用 $\vec{X},\vec{Y},\vec{Z}$ 表示)和绕这三个坐标轴的转动(用 $\hat{X},\hat{Y},\hat{Z}$ 表示)的可能性。因此,要使工件在空间具有确定的位置(即定位),就必须对这六个自由度加以约束。

从理论上讲,工件的六个自由度可用六个支承点加以限制,前提是这六个支承点在空间按一定规律分布,并保持与工件的定位基面相接触(既不能离开,也不能进入工件里面)。如图 1-50(b) 所示,在 XOY 平面上布置不在一条直线上的三个支承点 1,2,3,当六面体的底面与这三个支承点接触时,工件的 $\vec{X},\hat{Y},\hat{Z}$ 三个自由度就被限制;然后在 XOZ 平面上布置两个支承点 4,5,当工件侧面与之接触时,工件的 $\vec{Y}$ 和 $\hat{Z}$ 两个自由度就被限制;再在 YOZ 平面上布置一个支承点 6,使工件背面靠在这个支承点上,工件的 $\vec{X}$ 自由度就被限制。用图中如此设置的六个支承点,去分别限制工件的六个自由度,从而使工件在空间得到确定位置的方法,称为工件的六点定位原理。

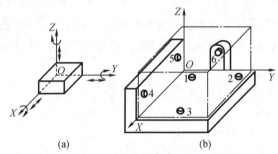

图 1-50　工件的六点定位

(a)工件的自由度;(b)六个支承点布置位置

2. 完全定位与不完全定位

完全定位:工件的六个自由度完全被限制的定位。

例如,加工连杆的大头孔时,要求大头孔中心线应与小头孔中心线相互平行,并与端面垂直;大小头孔中心距也有严格要求。根据这些要求,采用如图 1-51 所示的定位方式。平面定位元件 1 相当于三点支承,限制了连杆的 $\vec{X},\hat{Y},\hat{Z}$ 三个自由度;短销 2 相当于两点支承,限制了连杆的 $\vec{Y}$ 和 $\vec{Z}$ 两个自由度;圆柱挡销 3 相当于一点支承,限制了连杆的 $\hat{X}$ 一个自由度。这样的定位把工件的六个自由度用相当于六个支承点的定位元件全部限制了,这就是完全定位。

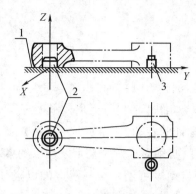

图1-51 连杆的定位

1—元件;2—短销;3—圆柱挡销

不完全定位:按加工要求,允许有一个或几个自由度不被限制的定位。

工件定位时,并非其六个自由度都需要完全定位。如图1-52所示,若在工件上铣槽,要求保证工序尺寸x,y,z及槽侧面和底面分别与工件侧面和底面平行,那么加工时必须限制全部六个自由度,即采用完全定位,见图1-52(a)。若在工件上铣台阶面,要求保证工序尺寸y,z及两平面分别与工件底面和侧面平行,那么加工时只要限制除$\vec{X}$以外的五个自由度就够了,因为$\vec{X}$对工件的加工精度并无影响,见图1-52(b)。若在工件上铣顶平面,仅要求保证工序尺寸z及与工件底面平行,那么只要限制$\vec{X},\vec{Y},\vec{Z}$三个自由度就行了,见图1-52(c)。

在实际生产中,工件被限制的自由度数一般不少于三个。

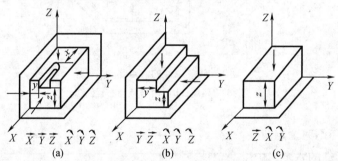

图1-52 完全定位与不完全定位

(a)铣键槽;(b)铣台阶面;(c)铣顶平面

3. 欠定位与过定位

欠定位:按工序的加工要求,对工件应该限制的自由度未进行限制的定位方案。

在确定工件定位方案时,欠定位是绝不允许的。例如,在图1-52(a)中,若$\vec{X}$方向的自由度未加限制,则尺寸x就无法保证,因而是不允许的。

过定位:工件的一个自由度被两个或两个以上的支承点重复限制的定位,亦称为重复定位。

过定位一般是不允许的,因为为了满足不同定位基准与定位元件间的定位约束要求,有可能造成工件与夹具之间的干涉。但如果工件的加工精度比较高而不会产生干涉时,过定位也是允许的。通常情况下,应尽量避免出现过定位。图 1 – 53 是常见的几种过定位的例子。

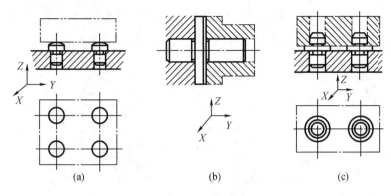

图 1 – 53　常见过定位的例子
(a)四个支承点;(b)长圆销和肩面;(c)两个短圆柱销

图 1 – 53(a)所示为用四个支承钉支撑一个平面的定位。四个支承钉相当于四个定位支承点,但只能限制工件的 $\vec{X},\vec{Y}$ 和 $\vec{Z}$ 三个自由度,所以是重复定位。图 1 – 53(b)是轴套以孔与端面联合定位的情况,因大端面能限制 $\vec{X},\vec{Y},\vec{Z}$ 三个自由度,长心轴能限制 $\vec{X},\vec{X},\vec{Z}$,$\vec{Z}$ 四个自由度,当它们组合在一起时,$\vec{X},\vec{Z}$ 两个自由度将被两个定位元件所重复限制,即出现过定位。如图 1 – 53(c)所示,工件的定位基准是底面和两孔中心线,定位元件为一面两销。如果两个定位销均为短圆柱销时,则当工件两孔中心距与夹具上两销中心距相差较大时,左孔与左短销相配后,右孔有可能套不进右短销。其原因是沿两孔中心线方向的 $\vec{Y}$ 自由度被两个圆柱销重复限制了。

有时为了增加工件加工时的刚性,可能在同一个自由度方向上,有两个或更多的定位支承点。如图 1 – 54 所示,用前后顶尖及三爪自定心卡盘(仅用较短的一小段卡爪)定位,前后顶尖限制了 $\vec{X},\vec{Y},\vec{Z},\vec{Y},\vec{Z}$ 五个自由度,而三爪自定心卡盘又限制了 $\vec{Y},\vec{Z}$ 两个自由度,这样在 $\vec{Y},$ $\vec{Z}$ 两个自由度的方向上,定位点均多于一个,此时为过定位。这样当三爪自定心卡盘夹紧工件时,会使顶尖变形,使工件前中心孔的中心偏离主轴旋转中心而产生定位误差。但这样装夹提高了工件的装夹刚度,故在粗加工时常采用,而精加工时要避免这种过定位。

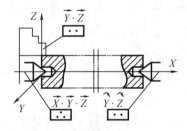

图 1 – 54　粗加工时过定位装夹

4. 消除过定位的一般途径

(1)改变定位元件结构

如图 1 – 55(a)所示,将长销改为短销(图 1 – 55(b)),使其失去限制 $\vec{X},\vec{Y}$ 的作用以保证大头孔与端面的垂直度,或将支承板改为小的支承环(图1－55(c)),使其只起限制$\vec{Z}$的作用,以保证加工大头孔与小头孔的平行度。

又如图1－56所示,将圆柱销3改为削边销4,使它失去限制$\vec{X}$的作用,从而保证所有工件都能套在两个定位销上。图1－53(c)的过定位消除方法与此相同。

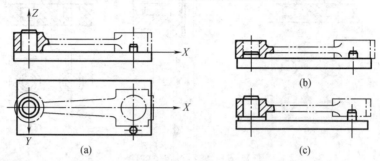

图1－55　加工连杆大头孔时工件在夹具中的定位

(a)过定位方案;(b)改进方案1;(c)改进方案2

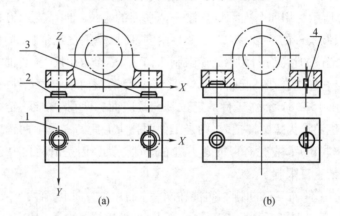

图1－56　轴承座加工时工件在夹具中的定位

(a)过定位方案;(b)改进方案

1—工件;2—圆柱销;3—圆柱销;4—削边销

图1－53(b)所示的过定位,若工件内孔与大端面不垂直,则在轴向夹紧力作用下会使工件或心轴产生变形,引起较大误差。为了改善这种重复定位引起的干涉,可以采用长心轴与小端面组合定位(图1－57(a)),小端面失去限制$\vec{X}$、$\vec{Z}$的作用;或采用大端面与短心轴组合定位(图1－57(b)),短心轴失去限制$\vec{X}$、$\vec{Z}$的作用;或采用长心轴与球面垫支承组合定位(图1－57(c)),球面垫属于自位支承,只限制一个自由度,但支承面积大,减小了工件悬伸量,提高了工件在加工时的抗振能力。

自位支承是指支承本身在定位过程中所处的位置是随工件定位基准的位置变化而自动与之相适应的一类支承。

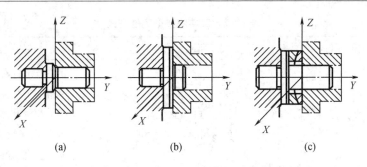

图 1-57 轴套加工时工件在夹具中的定位

(a)方案 1;(b)方案 2;(c)方案 3

(2)撤销重复限制自由度的定位元件

图 1-58 所示为加工轴承座上盖下平面的定位简图。夹具中定位元件有 V 形块及两个支承钉。显然 $\vec{Z}$ 被重复限制,属于过定位。由于工件上尺寸 d 和 H 的误差,定位时沿 Z 轴的自由度有的由两个支承钉限制,有的则由 V 形块限制,从而造成一批工件在夹具中位置不一致。这时,可将支承钉撤销一个或将其中一个改为只起支承作用而不限制任何自由度的辅助支承即可。

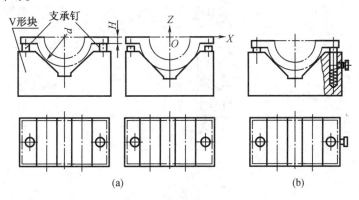

图 1-58 轴承座上盖下平面加工的过定位及其改进

(a)过定位方案;(b)改进方案

(3)提高工件定位基面之间及夹具定位元件工作表面之间的位置精度

例如,如图 1-53(a)所示,假如工件定位基面加工得很平,而四个支承钉工作表面又准确位于同一平面内(装在夹具上一次磨出),这时就不会因过定位而造成不良影响,反而能增加定位的稳定性,提高支承刚度。

5. 常见的定位方式及定位元件

工件以夹具装夹方式进行加工时,其定位是通过工件上的定位基准面与夹具中的定位元件的工作表面接触或配合而实现的。表 1-7 列出了工件典型定位方式、定位元件及限制的自由度。其中有长销、长 V 形块、长孔(套)限制四个自由度,短销、短孔(套)、短 V 形块限制两个自由度,长锥限制五个自由度,短锥限制三个自由度的差别。定位元件的长短是"相对的",主要看定位元件的尺寸与工件定位基准的尺寸之比。

表1-7　工件的典型定位方式

工件定位基面	定位元件	定位方式及所限制的自由度	特点及适用范围
平面	支承钉	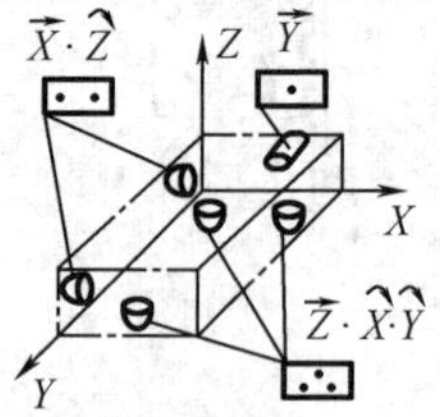	圆头支承钉易磨损,多用于粗基准的定位;平头支承钉的支承面积较大,常用于精基准面的定位;齿纹头支承钉用于要求有较大摩擦力的侧面定位
	支承板	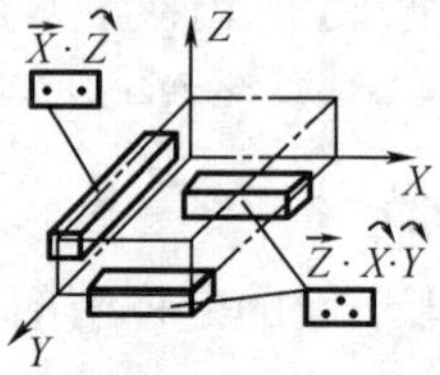	主要用于定位平面为精基准的定位
	固定支承与自位支承	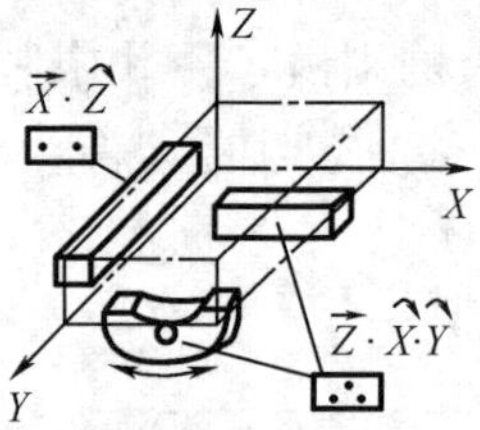	可使工件支承稳固,避免过定位;用于粗基准定位及工件刚性不足的场合
	固定支承与辅助支承	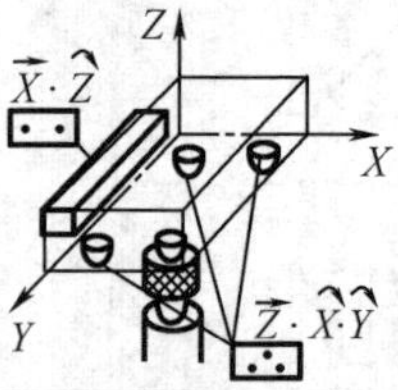	辅助支承不起定位作用;可提高工件的支承刚度
圆孔	定位销	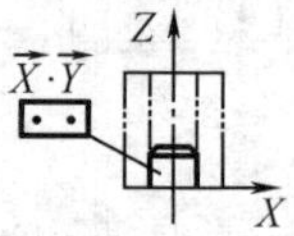	结构简单,装卸工件方便;定位精度取决于孔与销的配合
	心轴	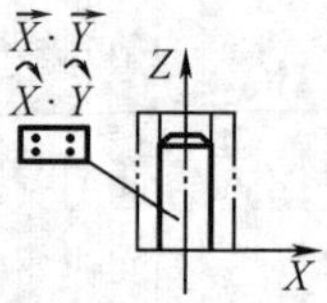	间隙配合心轴定位装卸方便,但定位精度不高;过盈配合心轴的定位精度高,但装卸不便
	锥销	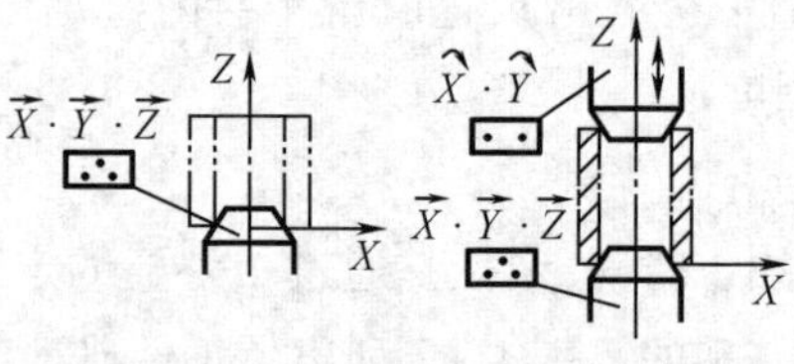	对中性好,安装方便;基准孔的尺寸误差将使轴向定位尺寸产生误差;定位时工件容易倾斜,故应和其他元件组合起来应用
外圆柱面	支承钉或支承板	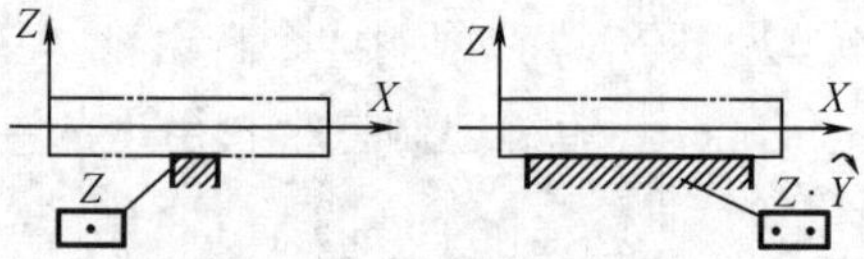	结构简单,定位方便

表 1-7(续)

工件定位基面	定位元件	定位方式及所限制的自由度	特点及适用范围
外圆柱面	V 形块	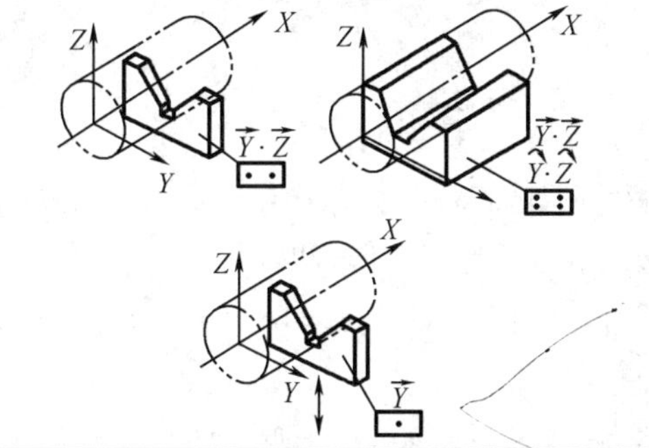	对中性好,不受工件基准直径误差的影响;常用于加工表面与外圆轴线有对称度要求的工件定位
	定位套	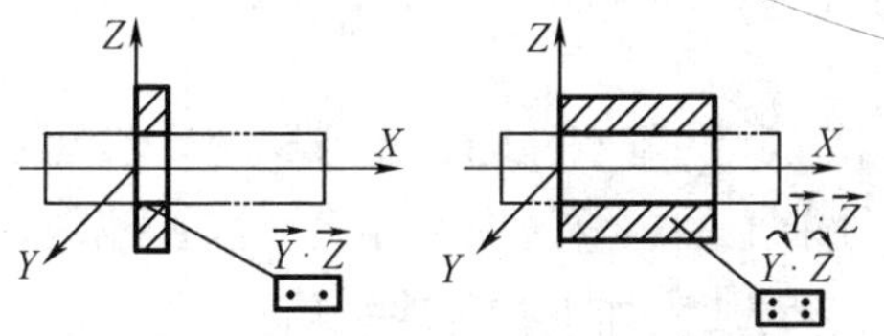	结构简单,定位方便;定位有间隙,定心精度不高
	半圆孔	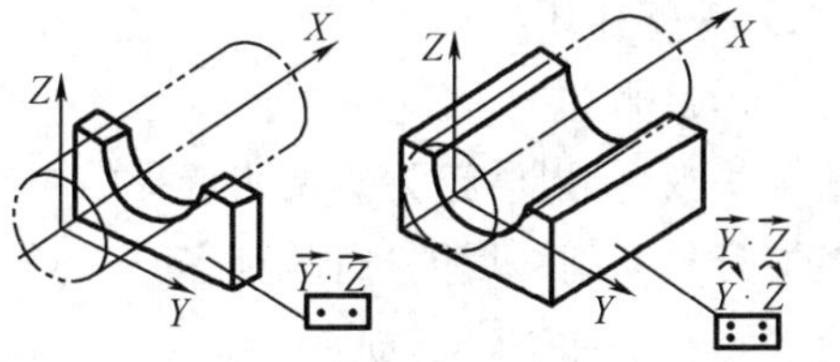	对中性好,夹紧力在基准表面上分布均匀;工件基准面尺寸公差等级不应低于IT9~IT8
	锥套	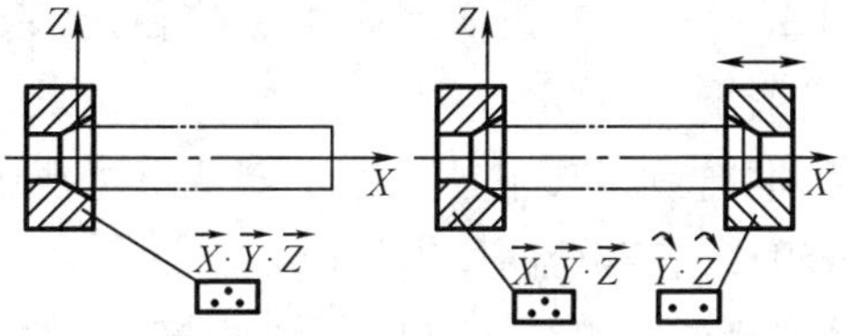	对中性好,装卸方便;定位时容易倾斜,故应与其他元件组合起来应用
锥孔	顶尖	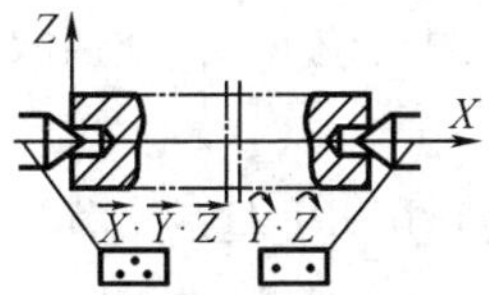	结构简单,对中性好,易于保证工件各加工外圆表面的同轴度及与端面的垂直度
	锥心轴	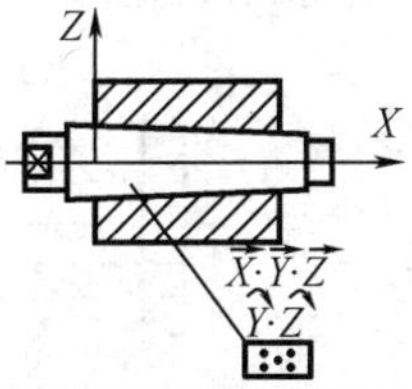	定心精度高,工件孔尺寸误差会引起其轴向位置的较大变化

思考题及习题

1. 零件表面成形方法有哪几种,举例说明。

2. 切削加工由哪些运动组成,它们各有什么作用?

3. 从外圆车削来分析,v_c,f,a_p 各起什么作用?

4. 已知外圆车刀的主要角度为:$\gamma_o = 10°$,$\alpha_o = 8°$,$K_r = 60°$,$K_r' = 10°$,$\lambda_s = 4°$,试画出其切削部分的角度。

5. 常用硬质合金的分类、牌号及性能特点如何? 加工钢料和铸铁,粗加工和精加工应如何选择硬质合金刀具?

6. 刀具切削部分材料应具备哪些基本性能? 普通和超硬刀具材料各有哪些?

7. 高速钢和硬质合金在性能上的主要区别是什么,各适合做哪种刀具?

8. 积屑瘤是如何形成的,它对切削加工有哪些影响?

9. 试分析车外圆时各切削分力的作用。

10. 切削热对切削加工有什么影响?

11. 磨具的主要特征包括哪些内容,以砂轮为例说明选择的主要依据。

12. 试分析砂轮磨削金属与刀具切削金属的过程及原理有何异同,原因何在?

13. 试说明下列加工方法的主运动和进给运动:

(a)车端面;(b)在钻床上钻孔;(c)在镗床上镗孔;(d)在铣床上铣平面;(e)在牛头刨床上刨平面;(f)在平面磨床上磨平面。

14. 机床夹具根据应用范围和特点分成哪几类? 各类夹具主要用于何种场合?

15. 夹具主要由哪几部分组成,各部分的作用是什么?

16. 何为工件的六点定位原理? 加工时,限制工件自由度数量应遵循什么原则?

17. 试分析题图 1 –1 中所示零件的定位方式,分别限制了哪些自由度,属于哪种定位方式?

(1)大圆环工件,套在夹具的短轴上并与夹具的大端面紧靠(题图 1 –1(a))。

(2)长套筒工件,套在夹具的长轴上并与端面接触(题图 1 –1(b))。

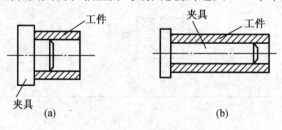

题图 1 –1　工件定位方式

(a)大圆环工件;(b)长套筒工件

18. 镗削车床床头箱箱体的主轴轴承孔及传动轴轴孔时(题图 1－2),定位精基准面为底面与导向面,试分析这种定位是属于何种定位,共限制了几种自由度,限制的自由度数目是多少?

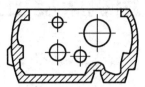

题图 1－2　床头箱箱体

19. 什么是加工精度,包括哪些内容? 试述提高加工精度的途径。

20. 加工表面质量的含义是什么,影响因素有哪些? 它与表面粗糙度有何区别? 图样上常标注哪一项?

第2章　常用机床及加工方法综述

2.1　金属切削机床

金属切削机床是用切削的方法将金属毛坯加工成机器零件的机器,简称机床。机床在加工过程中要保证工件和刀具的正确位置,提供工件成形运动,是装备制造业的核心设备。

2.1.1　机床的分类与型号

金属切削机床的种类和规格繁多,为了便于区别、使用和管理,需对机床加以分类和编制型号。

1. 机床的分类

机床的分类方法很多,最基本的是按工作原理分类。国家标准 GB/T 15375—2008《金属切削机床型号编制方法》将机床分为 11 大类:车床、钻床、镗床、磨床、齿轮加工机床、螺纹加工机床、铣床、刨插床、拉床、锯床和其他机床,如表 2 - 1 所示。在每一类机床中,又按工艺特点、布局形式和结构特性等不同,分为若干组,每一组又细分为若干系(系列)。

表 2 - 1　机床的分类和代号

类别	车床	钻床	镗床	磨床			齿轮加工机床	螺纹加工机床	铣床	刨插床	拉床	锯床	其他机床
代号	C	Z	T	M	2M	3M	Y	S	X	B	L	G	Q
读音	车	钻	镗	磨	二磨	三磨	牙	丝	铣	刨	拉	割	其

除了上述基本分类外,还有其他的分类方法。

机床按通用性程度(工艺范围)分为通用机床、专门化机床、专用机床。

(1)通用机床。用于加工多种工件,完成多种工序,使用范围较广的机床,如卧式车床、万能升降台铣床等。由于功能较多,结构比较复杂,生产率低,因此主要适用于单件小批生产。

(2)专门化机床。用于加工形状相似而尺寸不同工件的特定工序的机床,如曲轴车床、凸轮轴车床等。

(3)专用机床。用于加工特定工件的特定工序的机床,如汽车、拖拉机制造中的各种组合机床。自动化程度和生产率均比较高,适用于大批大量生产。

机床按加工精度分为普通机床、精密机床、高精度机床。

机床按自动化程度分为手动、机动、半自动和自动机床。

机床按质量分为仪表机床、一般机床、大型机床、重型机床。

机床按主轴或刀具数目分为单轴机床、多轴机床、多刀机床。

机床按具有的数控功能分为普通机床(非数控机床)、普通数控机床、加工中心、柔性制造单元等。

随着科学技术和生产技术水平的不断发展,机床的类型将越来越多,分类方法也将不断发展。

2. 机床的型号

机床型号是机床产品的代号,用以简明地表示机床的类型、通用特性、结构特性、主要技术参数等。GB/T 15375—2008《金属切削机床型号编制方法》规定了金属切削机床和回转体加工自动线型号的表示方法。机床通用型号由基本部分和辅助部分组成,中间用"/"隔开,读作"之"。前者需统一管理,后者纳入型号与否由企业自定,型号构成如图2-1所示。适用于各类通用和专用金属切削机床、自动线,不适用于组合机床和特种加工机床。

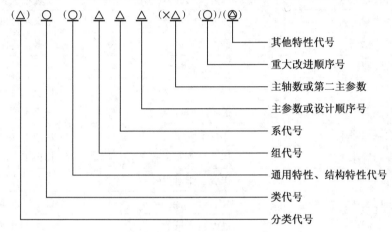

图2-1　机床通用型号构成

△—阿拉伯数字;○—大写的汉语拼音字母;⊗—大写的汉语拼音字母、阿拉伯数字或两者兼而有之;
( )—可选项,当无内容时不表示,有内容时不带括号

机床的类代号用大写的汉语拼音字母表示,类还可分若干分类,如磨床类机床就分成M,2M,3M三类,如表2-1所示。对于具有两类特性的机床编制时,主要特性应放在后面,次要特性放在前面。例如铣镗床是以镗为主、铣为辅。

通用特性代号在各类机床型号中表示的意义相同,当某类型机床除有普通型外,还有如表2-2所示的某种通用特性时,则在类代号之后加上相应的特性代号。结构特性代号是为了区别主参数相同而结构不同的机床。

表2-2　机床的通用特性代号

通用特性	高精度	精密	自动	半自动	数控	加工中心(自动换刀)	仿形	轻型	加重型	柔性加工单元	数显	高速
代号	G	M	Z	B	K	H	F	Q	C	R	X	S
读音	高	密	自	半	控	换	仿	轻	重	柔	显	速

机床的组代号、系代号用两位阿拉伯数字表示,前一位表示组别,后一位表示系列。每类机床按其结构性能及使用范围划分为 10 个组,用数字 0~9 表示。例如,车床类第 6 组"落地和卧式车床"又分为:0—落地车床,1—卧式车床等系列。

机床主参数是代表机床规格大小的一种参数。在机床型号中,用阿拉伯数字给出主参数的折算值,折算系数一般是 1/10 或 1/100,也有少数是 1。主轴数或第二主参数是对主参数的补充,如主轴数、最大工件长度、最大跨距、工作台工作面长度等,第二主参数也用折算值表示,第二主参数一般不予给出。表 2-3 列出了常用机床的主参数和第二主参数。

表 2-3 常用机床的主参数和第二主参数

机床名称	主参数	第二主参数
卧式车床	床身上工件最大回转直径	工件最大长度
立式车床	最大车削直径	最大工件高度
摇臂钻床	最大钻孔直径	最大跨距
卧式镗床	主轴直径	
坐标镗床	工作台工作面宽度	工作台工作面长度
外圆磨床	最大磨削直径	最大磨削长度
矩台平面磨床	工作台工作面宽度	工作台工作面长度
龙门铣床	工作台工作面宽度	工作台工作面长度
升降台铣床	工作台工作面宽度	工作台工作面长度
龙门刨床	工作台宽度	最大刨削宽度
牛头刨床	最大刨削长度	

CA6140 型卧式车床、MG1432A 型高精度万能外圆磨床的表示法如图 2-2 所示。

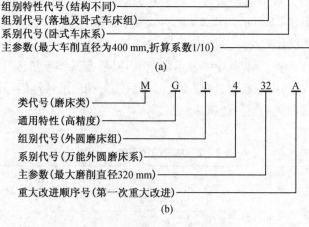

图 2-2 机床型号的表示法举例

(a) CA6140 型;(b) MG1432A 型

2.1.2　机床的运动

1. 机床的运动

在机床上进行切削加工是由刀具与工件之间的相对运动来实现的。机床的运动可分为切削运动和辅助运动两类。

切削运动又称表面成形运动，是直接参与切削过程，使之在工件上形成一定几何形状表面的刀具和工件间的相对运动，切削运动是机床上最基本的运动。

辅助运动是指切削运动之外的各种运动。主要包括刀具或工件的快速趋近和退出，机床部件位置的调整，工件分度，刀架转位，送夹料，启动、变速、换向、停止和自动换刀等运动。

在各类机床中，车床、钻床、刨床、铣床和磨床是五类最基本的机床，其他机床都是在这五类机床的基础上发展而成的。例如，镗孔实质上就是车内孔；铰孔和锪孔是钻孔的发展；滚齿和其他齿轮加工方法实际基于铣削；拉削是由刨削演变而来。表 2-4 列出了主要机床的用途和它的基本运动环节。

2. 机床的基本组成

为实现加工过程中所需的各种运动，机床应具备三个基本部分：

（1）执行机构。执行运动的部件，如主轴、刀架、工作台等。其基本任务是带动工件或刀具完成旋转或直线运动，并保持准确的运动轨迹。

（2）动力源。为执行机构提供动力和运动的装置，如各种电动机、液压泵、液压马达等。

（3）传动装置。传递动力和运动的装置，通过它把动力源和执行机构连接起来，构成传动联系。传动装置还可以实现变速、变向和用来改变运动的性质和形式。传动装置有机械、液压、电气、气压等多种形式，机械传动在机床上应用广泛，如轮、带、链、主轴箱以及其中的轴系零部件、联轴器等

机床除基本组成外，还有运动控制装置、润滑装置、电气系统零部件、支承件和其他装置等，以及卡盘、吸盘、弹簧夹头、虎钳、回转工作台和分度头等机床附件。

表 2-4　机床的用途和基本运动环节

序号	机床类型	典型加工表面	典型刀具	相对运动		机床方块图
				刀具	工件	
1	车床	内圆外圆端面	车刀			

表2－4(续1)

序号	机床类型	典型加工表面	典型刀具	相对运动		机床方块图
				刀具	工件	
2	镗床	大孔小孔端面	镗刀	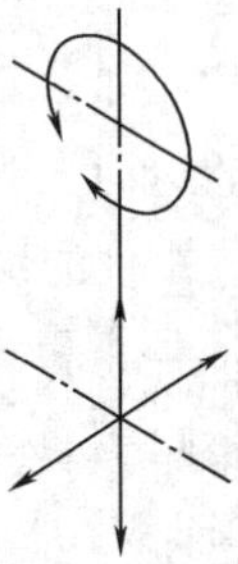		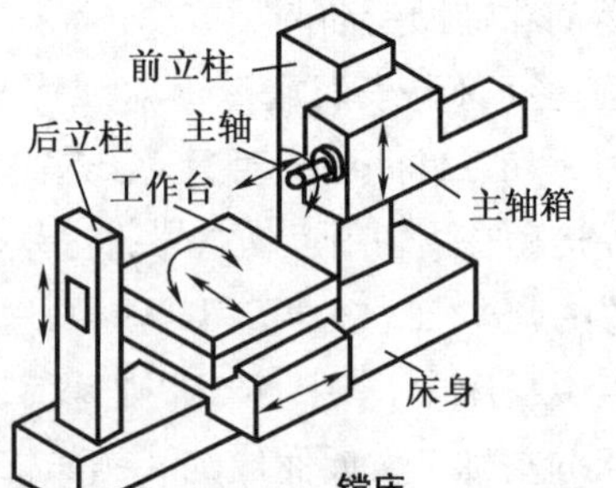 镗床
3	钻床	小孔小端面	钻头	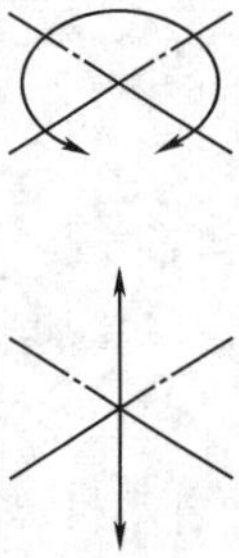	固定不动	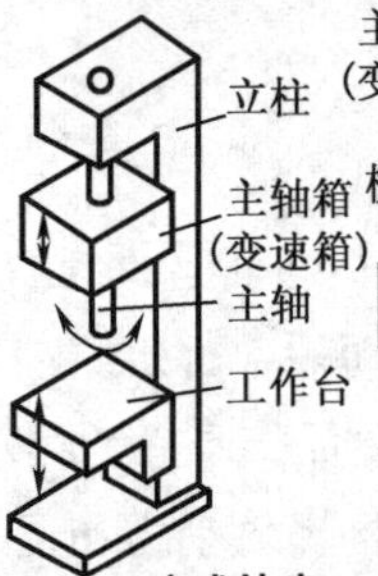 立式钻床 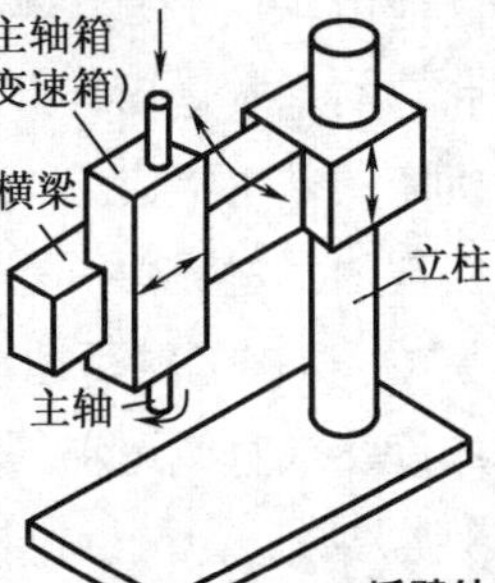　摇臂钻床
4	刨床	平面沟槽	刨刀	牛头刨床 / 龙门刨床		牛头刨床　龙门刨床
5	铣床	平面沟槽型面大孔小孔	铣刀	卧铣 / 立铣		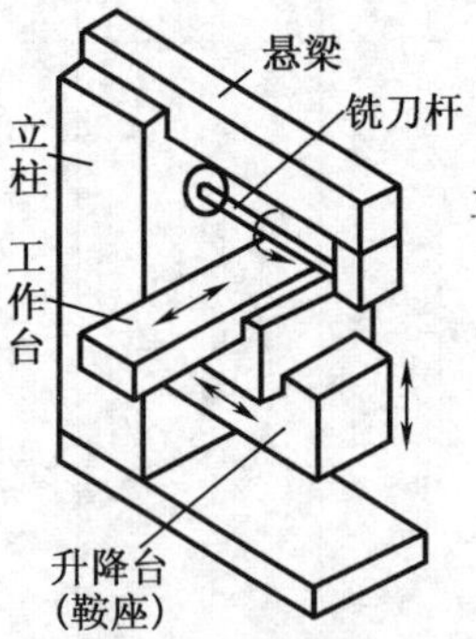 卧铣 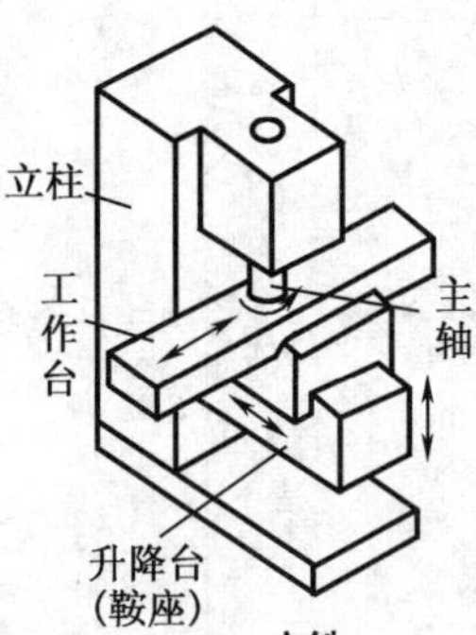　立铣

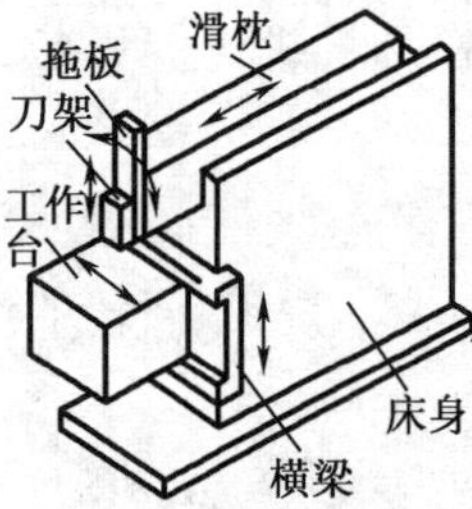

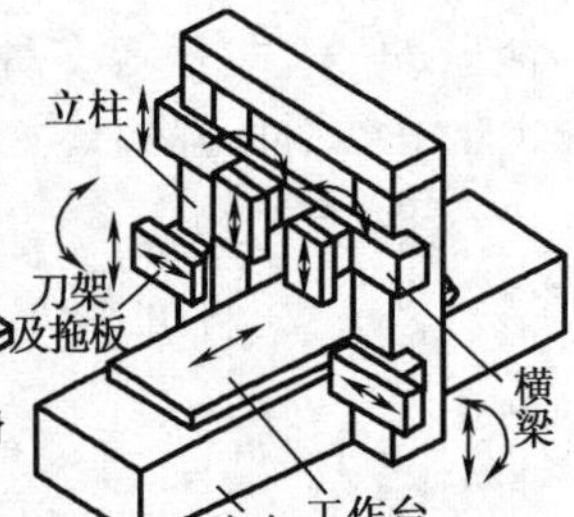

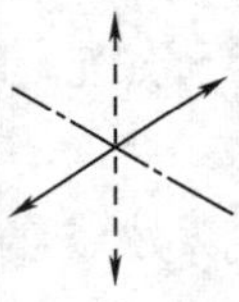

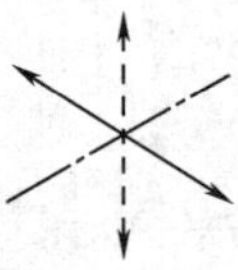

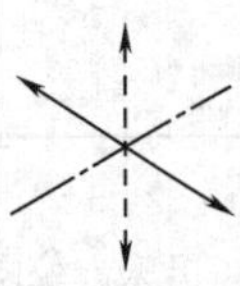

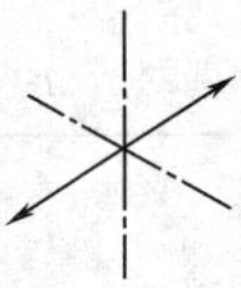

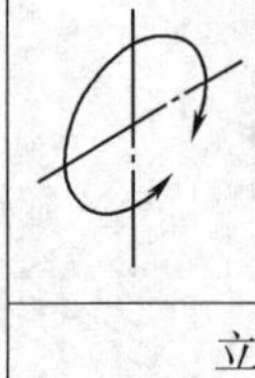

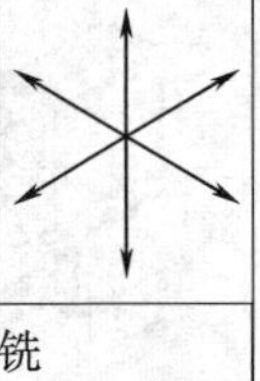

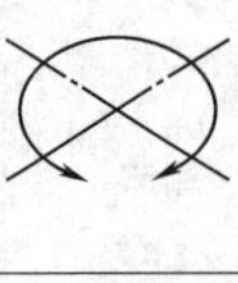

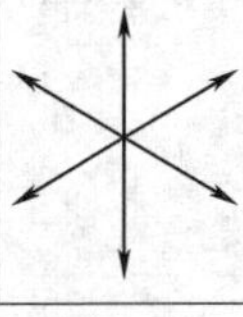

表 2－4(续 2)

序号	机床类型	典型加工表面	典型刀具	相对运动		机床方块图
				刀具	工件	
6	磨床	内圆外圆	砂轮	外圆磨床		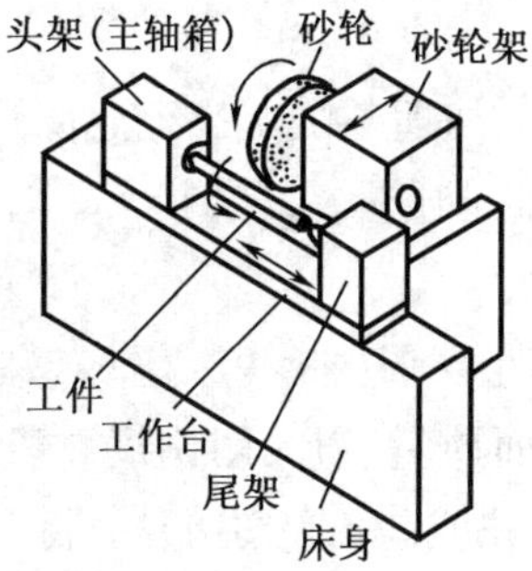 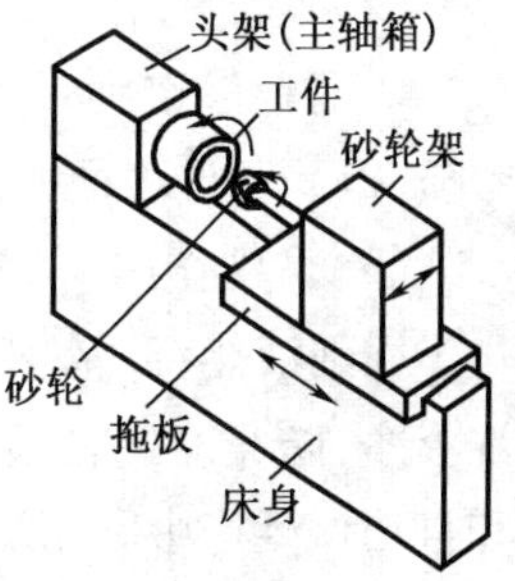
				内圆磨床		
		平面	砂轮	卧轴平面磨床		
				立轴平面磨床		

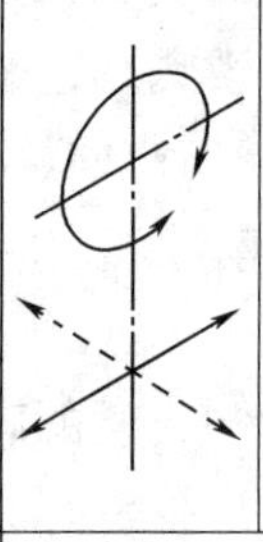

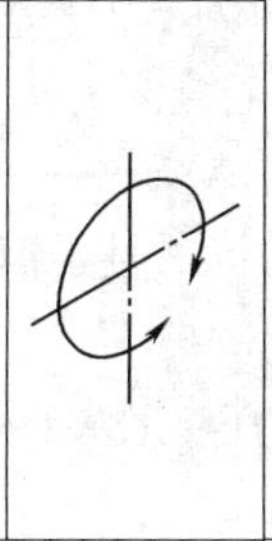

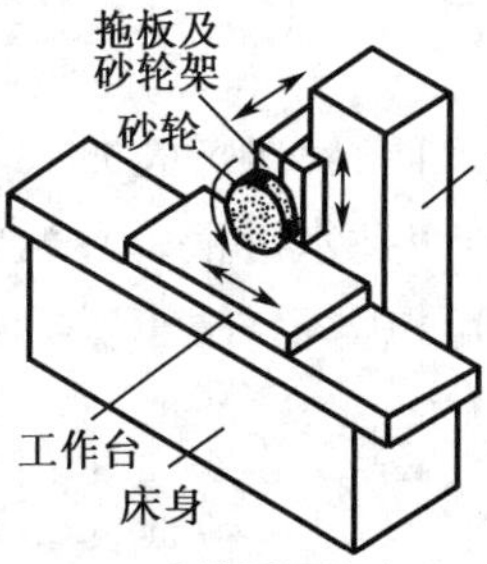

外圆磨床　　**内圆磨床**

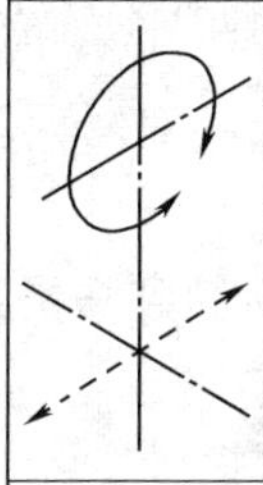

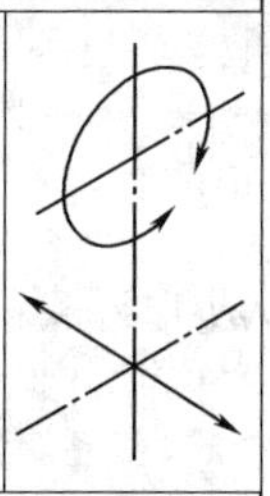

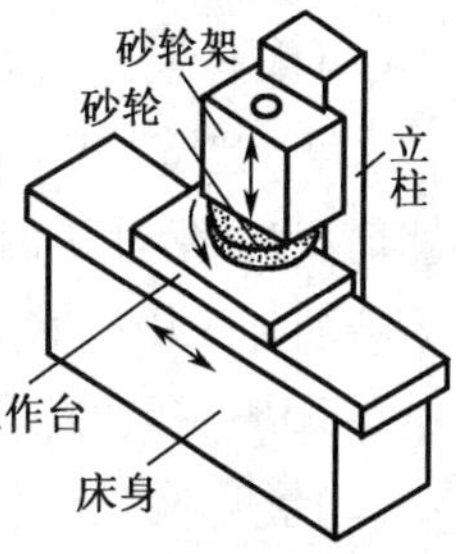

卧轴平面磨床　　**立轴平面磨床**

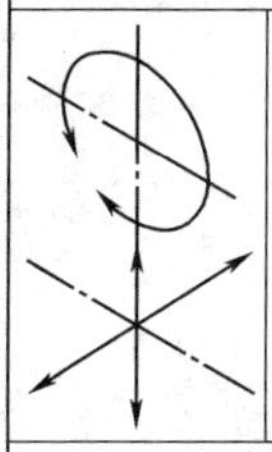

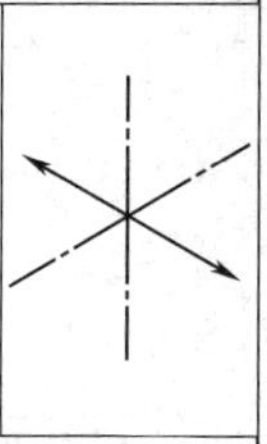

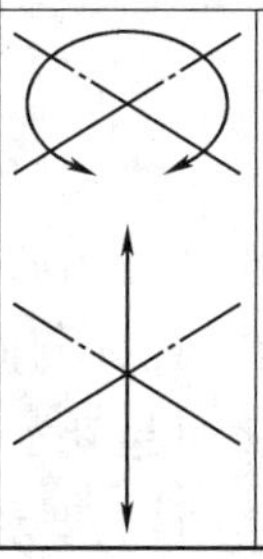

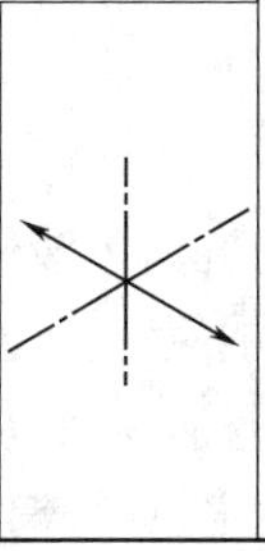

2.1.3　切削液的选择

在金属切削过程中,合理选择切削液,可以改善切削过程中界面摩擦情况,减少刀具和切屑的粘结,抑制积屑瘤和鳞刺的生长,减少切削力,降低切削温度,减少热变形,提高刀具耐用度和生产效率,保证加工质量。

1. 切削液的作用

（1）冷却作用

切削液浇注在切削区域内，可将产生的切削热从切削区域吸收并带走，降低切削温度。切削液的冷却能力取决于切削液的导热系数、比热容、汽化能和对金属表面的润湿性等因素，而且还与使用方法有关，如采用高压喷射法和喷雾冷却法就能显著提高冷却效果。车削45钢外圆时采用乳化液与干切削（不用冷却液）实验对比，平均可降低切削温度60~90 ℃。

（2）润滑作用

切削液渗透到刀具、切屑与加工表面之间形成润滑膜而起到润滑作用，可减轻刀具的磨损，提高工件表面的加工质量。

（3）清洗作用

切削液能将一些细小切屑（如切削铸铁）或粘附在工件、刀具和机床上的磨料的细粉清洗干净，防止对工件表面质量、刀具耐用度和机床精度产生影响。在磨削、钻削、深孔加工和自动化生产中利用浇注或高压喷射方法排除切屑或引导切屑流向，并冲洗散落在机床及工具上的细屑与磨粒。清洗性能好坏与切削液的渗透性、流动性和使用压力有关。

（4）防锈作用

切削液中加入防锈添加剂，能使工件、机床、刀具不受周围介质的腐蚀。防锈添加剂是一种极性很强的化合物，它在金属表面有很强的附着能力，并在表面上吸附形成保护膜或与金属化合形成钝化膜，防止金属与腐蚀介质接触而起到保护作用。

2. 切削液的种类

切削加工中常用的切削液可分为三大类：水溶液、乳化液、切削油。

（1）水溶液

水溶液以软水为主加入防锈剂、防霉剂，具有较好的冷却效果。有的水溶液加入油性添加剂、表面活性剂而呈透明性水溶液，以增强润滑性和清洗性。水溶液常用于粗加工和普通磨削加工中。水溶液可按需要自行配方，例如，碳酸钠水溶液的组成为：水99% + 亚硝酸钠0.25% + 碳酸钠0.75%。

（2）乳化液

乳化液是水和乳化油混合再经搅拌后形成的乳白色液体。乳化油是一种油膏，它由矿物油、脂肪酸、皂以及表面活性乳化剂（石油磺酸钠、磺化蓖麻油）配制而成。在表面活性剂的分子上带极性的一头与水亲和，不带极性一头与油亲和，从而起到水油均匀混合作用，再添加乳化稳定剂（乙醇、乙二醇等）防止乳化液中水、油分离。低浓度乳化液主要起冷却作用，用于粗加工和普通磨削加工中；高浓度乳化液主要起润滑作用，用于精加工和复杂刀具加工中。

（3）切削油

切削油分为普通切削油和极压切削油。

普通切削油包括矿物油（机械油、轻柴油和煤油）、动植物油和复合油（矿物油和动植物油的混合油），其中普遍使用的是矿物油。

极压切削油是在矿物油中添加氯、硫、磷等极压添加剂配制而成。在切削区的高温高压下,不破坏润滑膜,仍能保持良好润滑效果,故被广泛使用。尤其在对难加工材料的切削中广为应用。常用的极压切削油有硫化油、氯化油和复合硫化油。

3. 切削液的选择

在实际生产中,要根据工件材料、刀具材料,以及加工方法、加工要求等具体情况,选择合适的切削液。选择必须得当,否则得不到应有的效果。

(1) 根据刀具材料选择

高速钢刀具耐热性差,在粗加工时,应选用以冷却作用为主的切削液;在中、低速精加工时(包括铰削、拉削、螺纹加工和剃齿等),应选用润滑性能好的极压切削油或高浓度的极压乳化液。硬质合金刀具由于耐热性和耐磨性较好,一般不用切削液,必要时可以采用低浓度乳化液或水溶液,但必须充分连续浇注,以免硬质合金刀片受热不均而开裂。

(2) 根据工件材料选择

加工一般钢材时,通常选用乳化液或硫化切削油。加工铜合金和有色金属时,不宜采用含硫化油的切削液,以免腐蚀工件。加工铸铁、青铜、黄铜等脆性材料时,为了避免崩碎的切屑进入机床运动部件,一般不用切削液。但在低速精加工(如宽刀精刨、精铰等)中,为了提高表面质量,可用煤油作为切削液。

(3) 根据加工方法选择

钻孔、攻丝、铰孔、拉削等一些排屑方式为封闭、半封闭状态的加工方法,刀具的导向部分、校正部分与已加工表面的摩擦严重,宜用乳化液或极压切削油。成形刀具、齿轮刀具等价格较高,要求刀具寿命长,应采用润滑性好的极压切削油。磨削加工温度很高,要求切削液具有较好的冷却和清洗作用,常用半透明的水溶液和普通乳化液。

(4) 根据加工要求选择

粗加工时切削用量较大,产生大量的切削热,这时主要是降低切削温度,应选择以冷却作用为主的切削液,如低浓度的乳化液等。精加工时,主要要求提高表面质量和减少刀具磨损,应选用润滑作用较好的切削液,如高浓度的乳化液或切削油等。

2.2　普通切削加工方法

2.2.1　车削加工

工件旋转做主运动,车刀移动做进给运动的切削加工方法称为车削加工。车削加工是一种最常见、最典型的切削加工方法。

车削加工的特点是切削过程比较平稳,易于保证各加工面之间的位置精度,刀具简单,适用范围较广;特别适合于有色金属的精加工。

1. 车床

车削加工主要在车床上进行。车床按其结构和用途的不同,可分为卧式车床、立式车床、六角车床、仿形车床、自动车床及各种专用车床。

卧式车床应用最普遍、工艺范围最广泛;通用性强,生产效率低,适用于单件小批生产。

立式车床用于加工大型工件的旋转表面,适用于回转直径较大、较重、难于在卧式车床上安装的工件。六角车床也叫转塔车床、回轮车床,用六角形转塔(或回轮)取代普通卧式车床的尾座,转塔刀架上可装置六支不同的刀具,工件在一次装夹中,可依次使用不同刀具完成多种车削工序;用于加工形状比较复杂的工件,适用于成批生产。

2. 车削的工艺范围

车削主要用来加工各种回转表面。如外圆(含外回转槽)、内圆(含内回转槽)、锥面、回转成形面、平面(含台肩、端面)、螺纹和滚花面等,如表 2-5 所示。

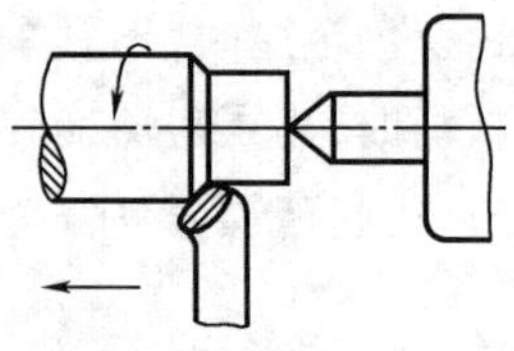

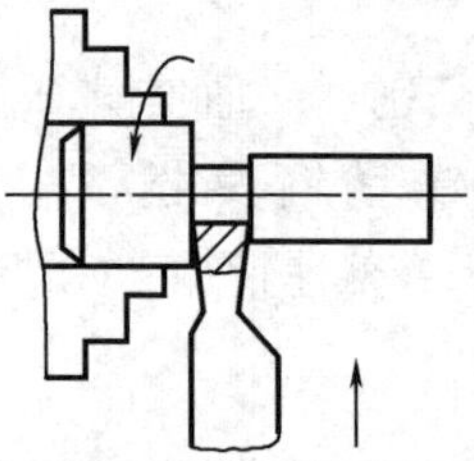

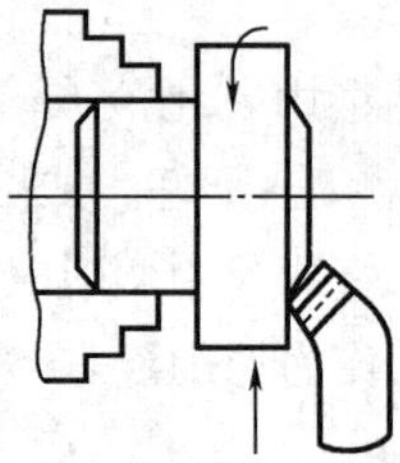

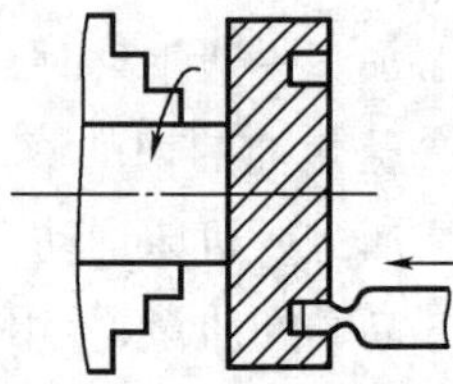

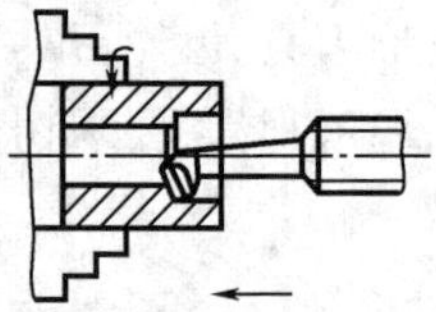

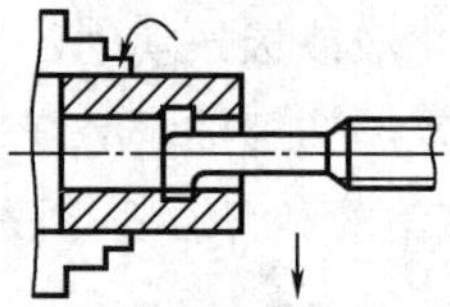

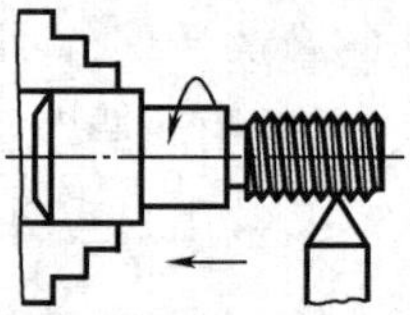

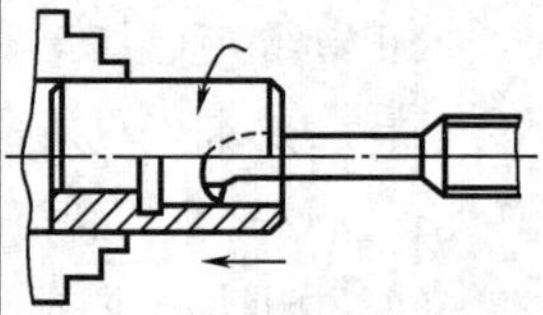

表 2-5　车削的工艺范围

车外圆 	切外槽 	车端面 	切端面槽
车孔 	切内槽 	车外螺纹 	车内螺纹
车锥面 	外圆滚花 	车成形面 	成形车削
钻中心孔 	钻孔 	铰孔 	攻内螺纹

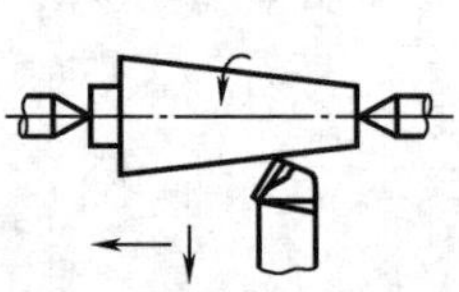

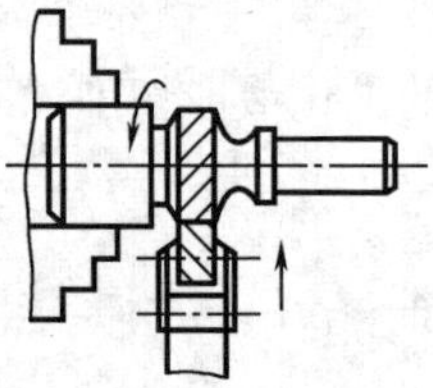

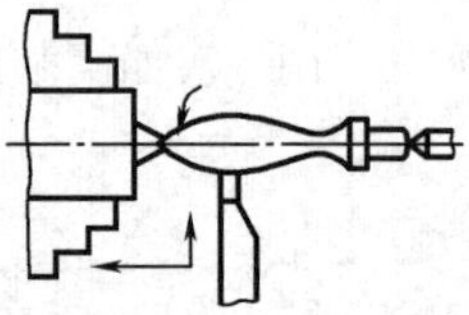

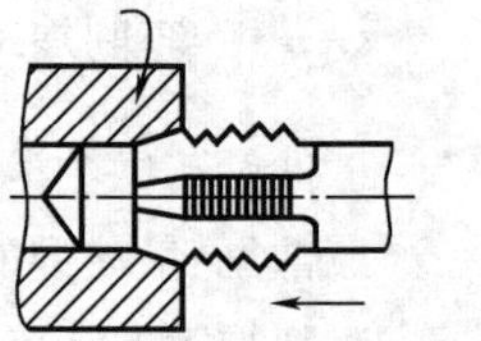

3. 常用车刀

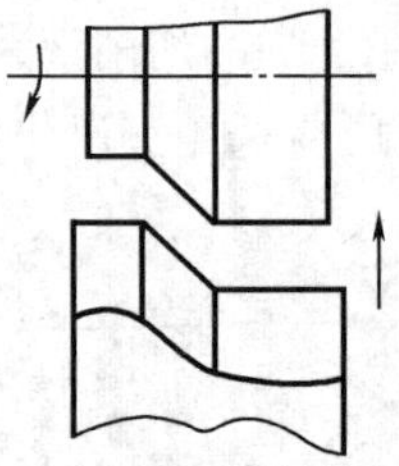

车刀按用途来分,有外圆车刀、端面车刀、内孔车刀、切断刀、切槽刀、螺纹车刀等,常用车刀类型如图 2-3 所示。

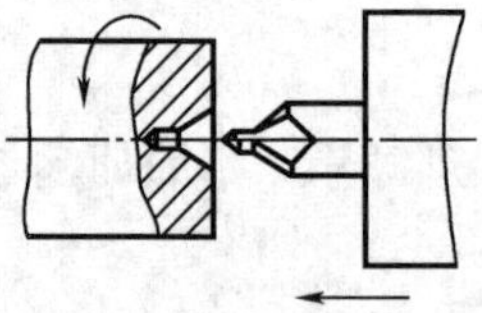

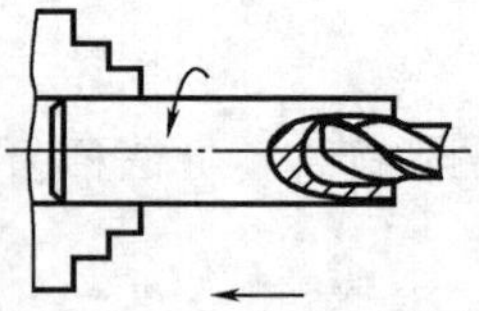

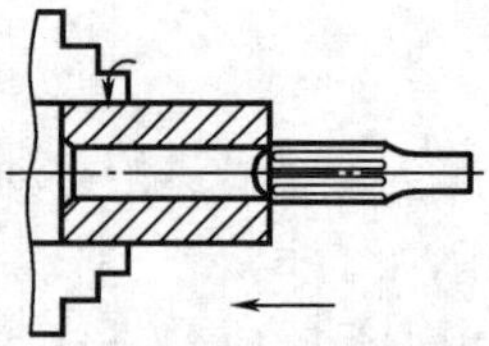

外圆车刀可分为直头和弯头两种,用于加工外圆柱和外圆锥表面。弯头车刀通用性

好,还可以车削端面和倒棱。90°偏刀可用于车削阶梯轴、端面及刚度低的细长轴。

　　内孔车刀也称镗孔刀,可分为通孔镗刀、盲孔镗刀和切槽刀。它的结构尺寸取决于孔的直径和深度。加工大孔时,为了减少刀具材料消耗,一般采用专用刀杆,在其上安装尺寸较小的镗刀头。

　　随着数控机床的发展和普及,硬质合金可转位车刀得到了广泛应用。它就是把经过研磨的可转位多边形刀片用夹紧元件夹在刀杆上的车刀。刀具的几何参数完全由刀片和刀杆上的刀槽来保证,不受工人技术水平的影响,因此切削性能稳定,非常适合现代化生产的要求。可转位刀片的形式多种多样,常用刀片形状有四边形、正三角形、等边不等角六边形、棱形和圆形等。

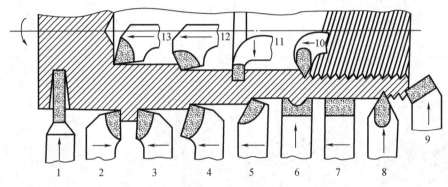

图 2 - 3　常用车刀类型

1—切槽刀;2—90°左偏刀;3—90°右偏刀;4—75°右偏刀;5—60°直头外圆车刀;6—成形车刀;7—宽刃精车刀;
8—外螺纹车刀;9—45°弯头车刀;10—内螺纹车刀;11—内孔切槽刀;12—通孔车刀;13—盲孔车刀

　　4. 车削加工精度

　　根据所选用的车刀角度和切削用量的不同,车削可分为粗车、半精车、精车和精细车,表 2 - 6 是车削加工所能达到的经济精度和表面粗糙度。

表 2 - 6　车削加工的经济精度和表面粗糙度

加工阶段	粗车	半精车	精车	精细车
尺寸精度	IT12 ~ IT11	IT10 ~ IT9	IT8 ~ IT7	IT6 ~ IT5
表面粗糙度 $Ra/\mu m$	25 ~ 12.5	6.3 ~ 3.2	1.6 ~ 0.8	0.8 ~ 0.2

2.2.2　钻削加工

　　用麻花钻、扩孔钻、铰刀、锪钻等在工件上加工孔的方法统称钻削加工。它是中小孔加工的主要切削加工方法。

　　1. 钻床

　　钻削加工可以在钻床上进行,也可以在车床、铣床、铣镗床等机床上进行。钻床是一种孔加工机床,可以加工外形复杂、没有对称回转轴线工件上的单个或一系列各种用途的孔。钻床的主要类型有台式钻床、立式钻床、摇臂钻床等,在钻床上加工通常钻头的旋转运动为主运动,钻头的轴向移动为进给运动。

台式钻床用于加工单件或小批生产的小型工件的小孔;立式钻床用于加工单件或小批生产的中小型工件;摇臂钻床用于加工单件和中小批生产的大中型工件。

2. 钻削的工艺范围

钻削主要用来钻孔、扩孔和铰孔,也可以用来锪孔、锪凸台端面、攻螺纹等,如表2-7所示。钻孔是用麻花钻在实体材料上加工孔的方法,它是最常用的孔加工方法之一。扩孔是用扩孔钻扩大工件孔径的方法。铰孔是用铰刀在工件孔壁上切除微量金属层,以提高尺寸精度和降低表面粗糙度的方法。锪孔是用锪钻(或代用刀具)加工平底和锥面沉孔的方法,它是一种不可缺少的加工方法。

表2-7　钻削的工艺范围

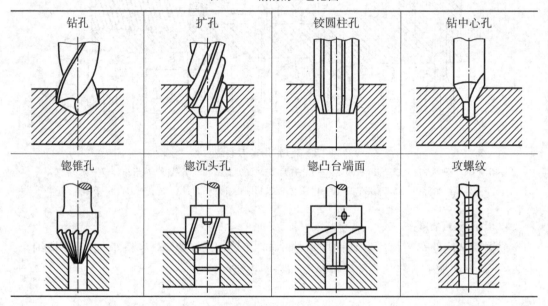

钻孔	扩孔	铰圆柱孔	钻中心孔
锪锥孔	锪沉头孔	锪凸台端面	攻螺纹

钻削加工刀具种类很多,在实体材料上加工孔的刀具有麻花钻、中心钻等;对已有孔进行再加工的刀具有扩孔钻、铰刀、锪钻等。

3. 钻孔的刀具与工艺特点

麻花钻是钻孔最常用的刀具,主要用在实体材料上钻较低精度和较大表面粗糙度值的孔,如铰前底孔、镗前底孔、螺纹底孔等;也可用于已有孔的扩孔、锪孔、倒棱。如图2-4(a)所示,麻花钻由柄部、颈部和工作部分组成。柄部是用来与机床连接,柄部有圆柱直柄和莫氏锥柄两种,直柄麻花钻不制出颈部,一般直径 $d \leqslant 20$ mm 采用直柄,$d \geqslant 3$ mm 均可采用锥柄。麻花钻工作部分又分为切削部分和导向部分。切削部分的结构如图2-4(b)所示,它有两条对称的主刀刃、两条副刀刃和一条横刃;导向部分有两条右旋螺旋槽,起导向、排屑和输送冷却液的作用。

麻花钻的结构和半封闭的切削条件存在"三差一大"的问题,即刚度差(有两条又宽又深的螺旋槽)、导向性差(只有两条很窄的棱带与孔壁接触导向)、切削条件差(排屑困难,切削热不易传散)和轴向力大(横刃的存在)。因此,钻孔具有钻头易引偏、孔径易扩大、孔不圆和孔壁质量差等工艺问题。

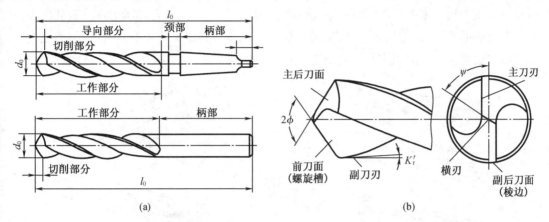

图2-4　麻花钻的结构

(a)锥柄和直柄麻花钻的组成;(b)标准麻花钻的切削部分

4. 扩孔的刀具与工艺特点

扩孔可用扩孔钻,也可用直径较大的麻花钻。扩孔钻的结构与麻花钻相似,如图2-5所示,有3~4个刀齿,每个刀齿周边上有一条螺旋棱带,中心部位无横刃。扩孔钻直径规格为3~100 mm,其中常用的是15~50 mm。

扩孔钻与麻花钻相比,刚度、导向性和切削条件较好,轴向力较小。因此,扩孔的加工精度比钻孔高些,可在一定程度上纠正原孔轴线偏斜。

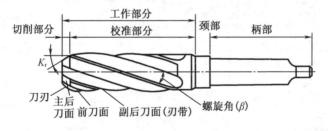

图2-5　锥柄扩孔钻的结构

5. 铰孔的刀具与工艺特点

铰孔所用刀具为铰刀,铰刀的种类很多。按使用方法分为机用铰刀和手用铰刀;按加工孔的形状分为圆柱孔铰刀和圆锥孔铰刀;按铰刀的齿形分为直齿铰刀和螺旋齿铰刀,此外还有可调式手用铰刀、套式铰刀等,如图2-6所示。

机用铰刀由机床引导切削方向,导向性好,故工作部分尺寸短。有直柄、锥柄和套式三种。手用铰刀的柄部为圆柱形,工作部分较长,端部制成方头,工作时用扳手通过方头转动铰刀。圆锥孔铰刀由于铰削余量大,常分粗铰刀和精铰刀,一般做成2把或3把一套,常见的有1:50圆锥铰刀和莫氏圆锥铰刀两种。

铰刀基本结构相似,如图2-7所示,由柄部、颈部和工作部分组成,齿数更多(6~12)。

工作部分包括切削部分和校准部分,校准部分包括圆柱部分和倒锥部分。

铰孔生产率高、费用较低,适用于单件小批生产中的小孔、细长孔和定位销孔的加工,以及成批或大批大量生产中不宜拉削(拉削加工是用拉刀加工没有障碍的各种型孔内表面和各种外表面的方法,在拉床上进行)孔的加工。铰孔易保证尺寸和形状精度,但不能校正孔轴线的偏斜。铰孔属于定径刀具加工,加工适应性差。

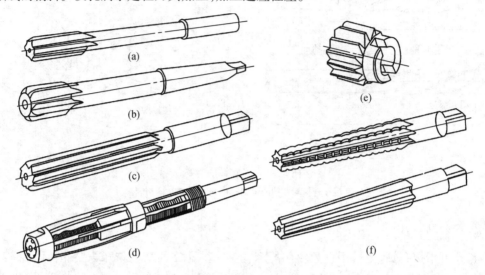

图2-6　铰刀的种类

(a)直柄机用铰刀;(b)锥柄机用铰刀;(c)手用铰刀;(d)可调手用铰刀;(e)套式机用铰刀;(f)圆锥铰刀

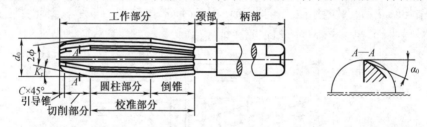

图2-7　铰刀的结构

6. 钻削加工精度

钻削加工根据所选用刀具不同,不同孔加工方法所能达到的经济精度和表面粗糙度也不同,如表2-8所示。钻孔属于粗加工,扩孔属于半精加工,铰孔属于精加工,其中铰孔又可分为粗铰和精铰。"钻—扩—铰、钻—铰"是中等尺寸孔常用的加工方案。

表2-8　钻削加工的经济精度和表面粗糙度

加工方式	钻孔	扩孔	铰孔	
			粗铰	精铰
加工阶段	粗加工	半精加工	精加工	精加工
尺寸精度	IT12 ~ IT11	IT10 ~ IT9	IT8 ~ IT7	IT7 ~ IT6
表面粗糙度 $Ra/\mu m$	25 ~ 12.5	6.3 ~ 3.2	1.6 ~ 0.8	0.8 ~ 0.4

2.2.3　镗削加工

镗刀旋转做主运动,工件或镗刀做进给运动的切削加工方法称为镗削加工。它是孔常用的加工方法之一,也是实现精密孔系加工的一种重要工艺方法。

镗削加工的特点是镗杆悬臂外伸,镗刀的切削条件较差,易引起振动;镗削加工可精确地保证孔径、孔距的精度和较低的表面粗糙度。

1. 镗床

镗削加工主要在镗床、铣镗床上进行,也可以在车床、加工中心、专用机床及组合机床上进行。镗床的主要类型有卧式铣镗床、坐标镗床、精镗床(金刚镗床)等,其中卧式铣镗床应用最广泛,如图 2－8 所示。

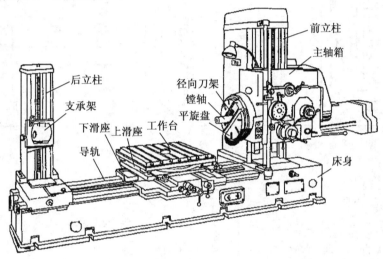

图 2－8　卧式铣镗床

卧式铣镗床所适应的工艺范围较广,除镗孔外,还可钻、扩、铰孔,车削内外螺纹、攻螺纹,车外圆和端面以及用端铣刀或圆柱铣刀铣平面等。工件在一次安装的情况下,即可完成多种表面的加工,适合于加工单件和中小批生产大而重的工件。

坐标镗床是指具有精密坐标定位装置的镗床,主要用于镗削尺寸、形状及位置精度要求比较高的孔系。适用于工具车间加工精密钻模、镗模及量具等,也适用于在生产车间成批地加工孔距精度要求较高的箱体及其他类零件。

精镗床是一种用金刚石、立方氮化硼或硬质合金等刀具进行精密镗孔的精镗床,又称金刚镗床。在大批量生产汽车、拖拉机、内燃机等制造业中广泛用于高精度孔的半精加工和精加工。

2. 镗削的工艺范围

镗削适用于机座、箱体、支架等大而重零件上孔和孔系的加工。此外,它还可以加工外圆和平面,特别是与孔有位置精度要求,需要与孔在一次安装中加工出来的短而大的外圆和端平面。表 2－9 是镗削的工艺范围。

表 2-9 镗削的工艺范围

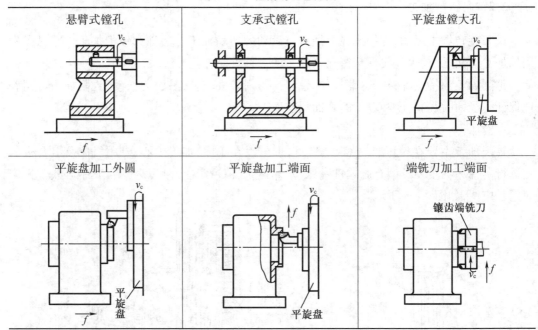

3. 镗刀

镗刀种类很多,按切削刃数量分为单刃镗刀、双刃镗刀和多刃镗刀。

(1)单刃镗刀

单刃镗刀是把镗刀头安装在镗刀杆上,其孔径大小通过调整刀头的伸出长度来保证,加工小直径孔的镗刀通常做成整体式,如表 2-9 所示。

单刃镗刀的特点是适应性较强,灵活性较大,可以适用于粗、半精、精加工;可以校正原有孔的轴线歪斜或位置偏差;生产率较低,适用于单件小批生产;对于加工孔的尺寸可不必像钻、扩、铰那样受到刀具本身尺寸的影响,应用范围广。

(2)双刃镗刀

双刃镗刀常用的有固定式和浮动式两种。精镗大多采用浮动结构,图 2-9 是可调双刃浮动镗刀块,两切削刃之间的距离为孔径尺寸。浮动镗刀块在刀杆的长方孔中并不紧固,靠切削时作用于两侧切削刃上的背向力来自动平衡其切削位置。

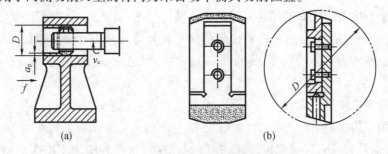

(a)   (b)

图 2-9 双刃浮动镗刀及其在铣镗床上镗孔

(a)浮动镗刀镗孔;(b)可调浮动镗刀片

双刃浮动镗刀的特点是加工质量较高,可以自动补偿刀具安装误差或镗杆偏摆所引起的不良影响,但不校正原有孔的轴线歪斜或位置偏差;生产率较高,适用于批量生产中直径较大的孔;刀具成本较高,结构较复杂。

(3)多刃镗刀

多刃镗刀是在一个圆形刀盘的圆周上镶嵌有两个以上的单刃镗刀头。镗孔时,每个刀齿均参加工作,生产率高,适合于孔的粗加工。

4.镗削加工精度

镗削加工同车削加工一样,可分为粗镗、半精镗、精镗和精细镗。表 2 - 10 是镗削加工所能达到的经济精度和表面粗糙度。精细镗也叫金刚镗,一般是在金刚镗床上进行,主要用于代替铰、磨等精加工方法对有色金属及其合金进行精加工,也可以加工铸铁和钢。

表 2 - 10　镗削加工的经济精度和表面粗糙度

加工阶段	粗镗	半精镗	精镗	精细镗
尺寸精度	IT12 ~ IT11	IT10 ~ IT9	IT8 ~ IT7	IT6 ~ IT5
表面粗糙度 $Ra/\mu m$	25 ~ 12.5	6.3 ~ 3.2	1.6 ~ 0.8	0.8 ~ 0.2

2.2.4　铣削加工

铣刀旋转做主运动,工件做进给运动的切削加工方法称为铣削加工。它是最常用的切削加工方法之一,应用较广,效率较高。

铣削加工的特点是铣削为多刃切削,无空行程,切削效率较高;铣削为断续切削,加工中容易产生振动,影响加工精度;铣削为半封闭切削,容屑和排屑条件较差,常常使用切削液;铣削时可根据具体加工要求,选择周铣和端铣、顺铣和逆铣(圆柱铣刀铣削时)、对称铣和不对称铣(端铣刀铣削时)等铣削方式,以便提高铣刀的耐用度、铣削的平稳性和生产效率。

1.铣床

铣削加工在铣床上进行,铣床的主要类型有卧式升降台铣床、立式升降台铣床、龙门铣床、工具铣床及各种专用铣床。卧式升降台铣床具有卧式主轴,其中万能升降台铣床的工作台可左右回转。立式升降台铣床具有垂直主轴,铣头一般能回转角度。卧式升降台铣床和立式升降台铣床均具有能沿床柱上下移动的升降台,工作台的三个方向运动分别由工作台、床鞍、升降台实现,适用于加工单件小批或成批生产的中小型零件。龙门铣床是一种大型高效机床,适用于加工成批或大量生产的大型和重型零件。工具铣床适用于加工模具、刀具、夹具等复杂形状的中小型零件。

2.铣削的工艺范围

铣削的用途非常广泛,可加工平面(水平面、垂直面、斜面等)、沟槽(键槽、V 形槽、燕尾槽、T 形槽等)、分齿零件(齿轮、链轮、棘轮、花键轴等)、螺旋形表面(螺纹、螺旋槽等)和各种曲面,如表 2 - 11 所示。

表 2 -11　铣削的工艺范围

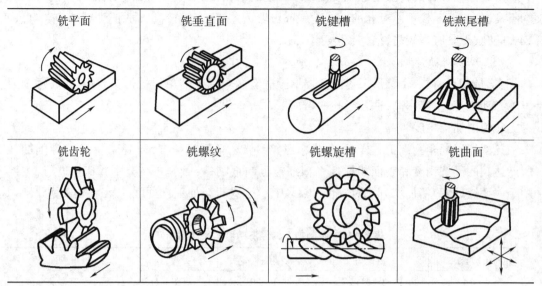

| 铣平面 | 铣垂直面 | 铣键槽 | 铣燕尾槽 |
| 铣齿轮 | 铣螺纹 | 铣螺旋槽 | 铣曲面 |

3. 常用铣刀

铣刀的种类很多,按其用途可分为图 2 - 10 所示几种。(a)为圆柱铣刀,用于在中小型工件上加工狭长平面和带圆弧收尾的平面;(b)为硬质合金端铣刀,用于加工大平面,有极高的生产率;(c)为槽铣刀,用于加工沟槽;(d)为角度铣刀,用于加工沟槽和斜面;(e)为三面刃铣刀,用于切槽和加工台阶面;(f)为成形铣刀,用于加工成形表面;(g)为立铣刀,用于加工平面、台阶面、槽和相互垂直的平面;(h)为键槽铣刀,用于加工键槽。

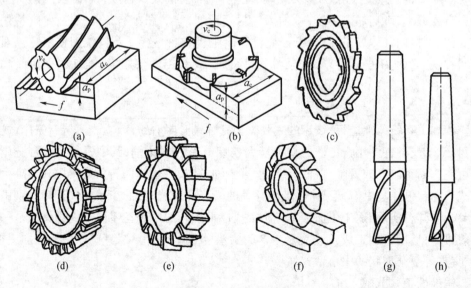

图 2 - 10　铣刀的类型

(a)圆柱铣刀;(b)硬质合金端铣刀;(c)槽铣刀;(d)角度铣刀;(e)三面刃铣刀;(f)成形铣刀;(g)立铣刀;(h)键槽铣刀

4. 铣削加工精度

根据所选用的铣刀、铣削方式、切削用量的不同,铣削加工可分为粗铣、半精铣、精铣,

表 2 – 12 是铣削加工所能达到的经济精度和表面粗糙度。

表 2 – 12　铣削加工的经济精度和表面粗糙度

加工阶段	粗铣	半精铣	精铣
尺寸精度(两平行平面间)	IT12 ~ IT11	IT10 ~ IT9	IT8 ~ IT7
表面粗糙度 $Ra/\mu m$	25 ~ 12.5	6.3 ~ 3.2	3.2 ~ 1.6

2.2.5　刨削加工

用刨刀对工件做水平相对直线往复运动的切削加工方法称为刨削加工。刨削是平面加工方法之一。

刨削加工的特点是有空行程存在,直线往复换向的惯性力限制了速度的提高,生产率较低;刨床结构简单,调整操作方便,刨刀易于刃磨,加工费较低;可满足一般平面的加工要求,特别适宜加工尺寸较大的 T 形槽、燕尾槽及窄长的平面,可达较高的直线度。

1. 刨床

刨削加工是在刨床上进行的,刨床按其结构特征可分为牛头刨床、龙门刨床。

牛头刨床适用于单件小批生产或机修车间,用来加工中、小型工件。刨刀的水平直线往复运动是主运动,工件的间歇移动是进给运动。由于牛头刨床生产效率较低,目前在很大程度上已被铣床所代替。

龙门刨床适用于中小批生产,用来加工大型工件或同时加工多个中型工件。工件随工作台的水平直线往复运动是主运动,刨刀的间歇移动是进给运动。

与牛头刨床结构原理同属一类的插床,实际是一种立式刨床。在插床上可进行插削加工,是用插刀在垂直方向上相对工件做往复直线运动的切削加工方法。插削适用于加工单件或小批生产中内孔键槽和型孔,如孔内单键槽、花键孔、方孔和多边形孔等。对于不通孔或有障碍台肩的内孔键槽,插削几乎是唯一的加工方法。

2. 刨削的工艺范围

刨削主要用于加工平面(水平面、垂直面、斜面)、直槽(直角槽、V 形槽、燕尾槽、T 形槽)和直线型成形面等,如表 2 – 13 所示。

表 2 – 13　刨削的工艺范围

刨平面	刨垂直面	刨台阶面	刨斜面

表 2 – 13（续）

刨直角槽	刨 T 形槽	刨燕尾槽	刨成形面

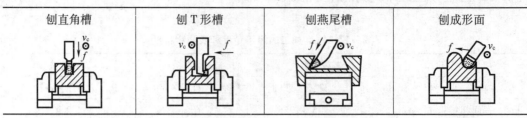

3. 常用刨刀

刨削所用的刀具是刨刀,常用的刨刀有平面刨刀、偏刀、切刀及成形刀等,如表 2 – 13 中所示。刨刀的几何参数与车刀相似,刀杆截面较粗大。刨刀的刀头部分常向后弯曲,在刨削力作用下,产生弯曲弹性变形,以防止"扎刀"现象。

4. 刨削加工精度

刨削与铣削加工精度等级一般相同,刨削加工也分为粗刨、半精刨、精刨,表 2 – 14 是刨削加工所能达到的经济精度和表面粗糙度。

表 2 – 14　刨削加工的经济精度和表面粗糙度

加工阶段	粗刨	半精刨	精刨
尺寸精度(两平行平面间)	IT12 ~ IT11	IT10 ~ IT9	IT8 ~ IT7
表面粗糙度 $Ra/\mu m$	25 ~ 12.5	6.3 ~ 3.2	3.2 ~ 1.6

2.2.6　磨削加工

磨削加工是指用磨料磨具以较高的线速度对工件表面进行加工的方法。磨削加工应用范围很广,它是精加工的主要方法之一。尤其是淬硬钢件和高硬度特殊材料的精加工,几乎只能用磨削来进行加工。另外,磨削加工也用于粗加工和毛坯去皮加工等。

1. 磨削加工的分类

为了适应机械制造业中零件机械加工高质量和高效率的要求,磨削加工技术得到了飞速发展,出现了不同的磨削加工技术。

磨削加工根据加工精度分为普通磨削、精密磨削(加工精度 $1 \sim 0.1\ \mu m$、表面粗糙度 Ra $0.2 \sim 0.025\ \mu m$)、超精密磨削(加工精度 $< 0.1\ \mu m$,表面粗糙度 $Ra \leqslant 0.025\ \mu m$)。普通磨削是用砂轮以较高的线速度对工件表面进行加工的方法;精密磨削主要靠对砂轮的精细修整,获得众多的很好的等高微刃,达到低表面粗糙度和高精度加工要求;超精密磨削要采用人造金刚石、立方氮化硼等高硬磨料砂轮,依靠超微细磨粒等高微刃以较小的磨削用量磨削,同时它要求严格的恒温及超净的工作环境,严格消除振动。磨床的精度是保证精密磨削和超精密磨削的先决条件。

磨削加工根据生产效率分为普通磨削、高效磨削。高效磨削常用的有高速磨削、强力磨削、恒压力磨削、宽砂轮与多砂轮磨削、砂带磨削等。高效磨削是以提高生产率为目标而发展起来的磨削技术,有些加工方法的金属去除率可与车削、铣削媲美,甚至能使毛坯不经过切削加工而直接一次磨削成成品。

磨削加工根据砂轮线速度 v_s 的高低分为普通磨削（$v_s < 60$ m/s）、高速磨削（$60 \leqslant v_s < 150$ m/s）、超高速磨削（$v_s \geqslant 150$ m/s）。目前，国外实验室已完成了 v_s 为 250 m/s，350 m/s 和 400 m/s 的实验，已有 $v_s = 200$ m/s 的磨床在工业中应用。

磨削加工根据磨料的利用方式分为固结磨具（如砂轮、油石）磨削、涂覆磨具（如砂布、砂纸、砂带）磨削和游离磨粒（如研磨膏、研磨粉）磨削。固结磨具磨削主要包括普通磨削、精密和超精密磨削、珩磨、超精加工等；涂覆磨具磨削主要是砂带磨削；游离磨粒磨削主要包括研磨、抛光等。其中珩磨、超精加工、研磨、抛光在下节"精整和光整加工方法"中介绍，这里主要介绍普通磨削加工。

2. 磨床

磨削加工主要在磨床上进行，磨床是用磨料磨具对工件表面进行切削加工机床的统称。磨床的类型和品种比其他机床多，约占全部金属切削机床的 1/3。磨床的主要类型有外圆磨床、内圆磨床、平面磨床、工具磨床（如锉刀磨床、曲线磨床等）、刀具刃磨床（如拉刀刃磨床、钻头刃磨床等）、专门化磨床（如花键轴磨床、曲轴磨床等）、其他磨床（如砂轮机、砂带磨床、珩磨机、抛光机、研磨机、超精机等）。下面主要介绍几种常用磨床和磨削方式。

（1）外圆磨床

外圆磨床的主要类型有普通外圆磨床、无心外圆磨床、万能外圆磨床等，其中万能外圆磨床应用最为广泛。外圆磨床主要用于磨削外圆柱面、外圆锥面和回转成形外表面，也能磨削阶梯轴的轴肩、端面、圆角等。轴类工件常用顶尖安装在头架与尾座之间，盘套类工件常用心轴安装，工件由头架的拨盘带动旋转。头架与尾座装在工作台上，可做纵向往复进给运动，工作台分上下两层，上工作台可调整成一个不大的角度，用来磨削圆锥面。大型外圆磨床一般采取工作台固定不动，而由砂轮架做纵向往复进给运动。外圆磨床的主要磨削方式有纵磨法和横磨法两种，如图 2－11 所示。

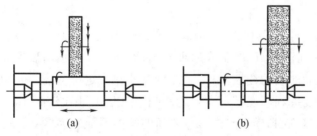

图 2－11　外圆磨削
（a）纵磨法；（b）横磨法

①纵磨法。砂轮高速旋转做主运动，工件旋转做圆周进给运动，工件和工作台一起做纵向往复进给运动，在工件每一纵向行程或往复行程终了时，砂轮做周期性横向进给运动，全部余量在多次往复行程中逐渐磨去。纵磨法生产率较低，加工质量较高。适用于单件小批生产及精磨，特别适用于细长轴的磨削。具有较大的适应性，可以用一个砂轮加工各种不同长度的工件。

②横磨法。砂轮宽度大于工件的磨削长度，工件只做圆周进给运动，不做纵向往复进

给运动,砂轮则连续地做横向进给运动,直到磨去全部余量为止。横磨法生产率高,加工质量稳定。适用于成批大量生产中磨削刚度较好、精度较低、长度较短的工件,尤其是工件上的成形表面磨削。

（2）内圆磨床

内圆磨床的主要类型有普通内圆磨床、无心内圆磨床、行星内圆磨床等。内圆磨床主要用于磨削工件的圆柱孔、圆锥孔、成形内表面及孔端面。内圆磨削一般分为两种:一种是工件和砂轮均回转,用于一般孔加工;另一种是工件不回转,砂轮做行星式运动,用于大型工件或不宜旋转工件的孔加工。内圆磨削按进给方向不同也分为纵磨法和横磨法,如图 2－12 所示。工件夹持在卡盘中,工件和砂轮按相反方向旋转,这种磨床适宜加工易于固定在机床卡盘上的工件。

磨内圆与磨外圆相比,由于磨内圆砂轮直径受工件孔径限制,磨削速度低,表面粗糙度值大;砂轮轴的直径细,悬伸长、刚度差,不宜采用较大的磨削深度和进给量,生产率较低。由于以上原因,磨内孔一般用于淬硬工件孔的精加工,它的适应性较好,在单件小批生产中应用较多。

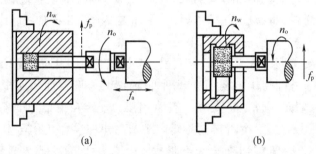

（a）　　　　　　　　　　（b）

图 2－12　内圆磨削

（a）纵磨法;（b）横磨法

（3）无心磨床

无心磨床有无心外圆磨床和无心内圆磨床,其中无心外圆磨床应用更广,类型更多,一般简称为无心磨床。无心磨床的工作原理相同,磨削时工件不用顶尖支承或卡盘夹持,而直接置于砂轮和导轮之间的托板上,以工件自身外圆为定位基准,其中心略高于砂轮和导轮的中心连线。导轮的圆周速度 v_d 与砂轮的圆周速度 v_c 相比较低,由于工件与导轮（通常用树脂或橡胶为黏接剂制成的刚玉砂轮）之间的摩擦系数较大,所以工件以接近于导轮的速度回转。从而在砂轮与工件之间形成很大的相对速度,产生磨削作用。

无心外圆磨床的磨削方式也有纵磨法和横磨法两种。纵磨法如图 2－13 所示,工件从机床前面放到托板上,进入磨削区。由于导轮的轴线与砂轮轴线倾斜 β 角,v_d 分解为 v_w 和 v_f。v_w 带动工件旋转,v_f 带动工件轴向移动,直至整个工件穿过磨削区,从而完成磨削。此法适用于大批大量生产中不带台阶的圆柱形工件。横磨法如图 2－14 所示,工件放在托板和导轮之间,磨削砂轮做横向切入运动,而工件不需要纵向进给运动。这时导轮的轴心线只需倾斜很小的角度,使导轮对工件产生微小的推力,将工件推向定位杆进行轴向定位。此法适用于较短的具有阶梯或成形回转表面的工件。

无心磨床和普通磨床相比较,具有生产率较高,加工表面的尺寸精度和几何精度比较高,表面粗糙度较小。如配备适当的自动装卸料机构,易于实现单机自动化,适用于成批大量生产。无心磨床调整费时,生产批量较小时不宜采用。当工件周向表面不连续(如有相当长的键槽、平面等的圆柱面)或与其他表面的同轴度要求较高时,也不宜采用。

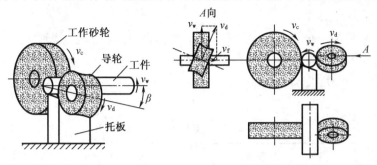

图 2 - 13　无心纵磨法磨外圆

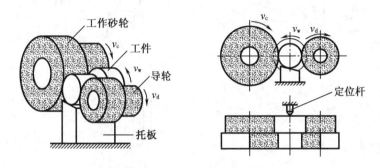

图 2 - 14　无心横磨法磨外圆

(4)平面磨床

平面磨床的砂轮主轴有卧轴和立轴、工作台有矩形和圆形之分,因此,其主要类型有卧轴矩台平面磨床、立轴矩台平面磨床、卧轴圆台平面磨床、立轴圆台平面磨床等。平面磨床主要用于磨削各种工件的平面。根据砂轮的工作面不同,平面磨削分为周磨法(砂轮圆周工作)和端磨法(砂轮端面工作)两种,如图 2 - 15 所示。磨削时,砂轮高速旋转做主运动;工作台和工件做直线往复进给运动(圆形工作台做旋转进给运动);此外,砂轮还沿本身轴线做周期性的进给运动。

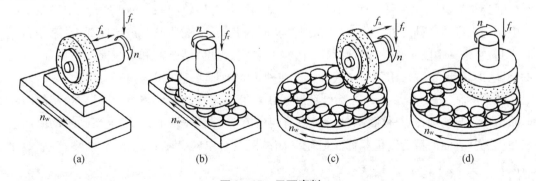

图 2 - 15　平面磨削

(a)卧轴矩台平面磨床周磨;(b)立轴矩台平面磨床端磨;(c)卧轴圆台平面磨床周磨;(d)立轴圆台平面磨床端磨

周磨法加工精度高,表面粗糙度值小,但生产率较低,多用于单件小批生产中,或成批生产中薄片小件。端磨法生产率较高,但加工质量略低于周磨法,多用于大批大量生产中加工精度要求不太高的平面。

3. 磨削的工艺范围

磨削的工艺范围十分广泛,几乎可以用于各种表面的精加工,特别适用于淬硬钢和各种难加工材料的工件表面。磨削主要用于加工外圆、内圆、锥面、平面、螺纹、齿形及各种成形面等,还可以刃磨刀具和进行切断,如表 2 – 15 所示。

表 2 – 15　磨削的工艺范围

磨外圆 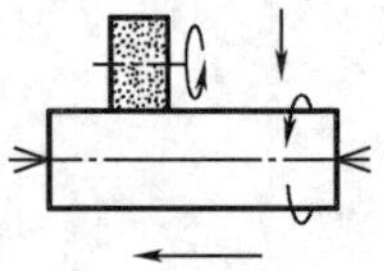	磨外锥面 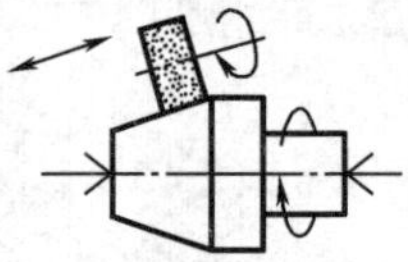	磨端面 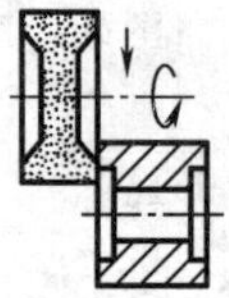	无心磨外球面 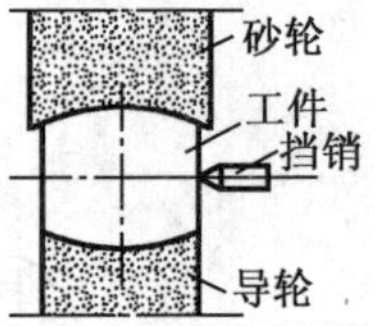
			砂轮 工件 挡销 导轮
磨盲孔 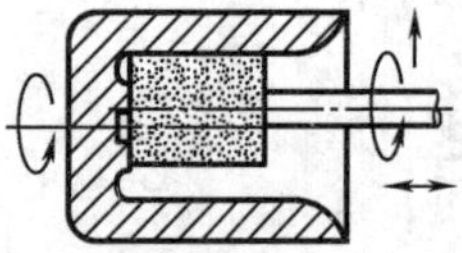	磨内锥面 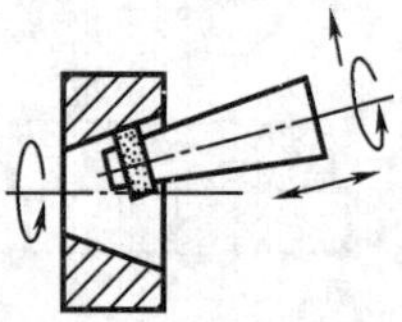	磨内圆环状沟槽 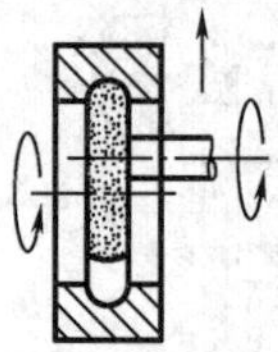	磨窄槽 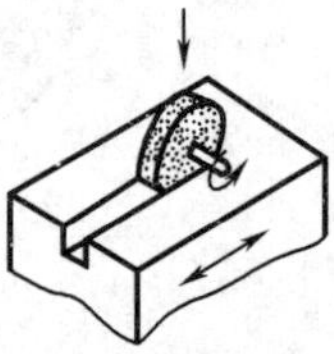
磨齿 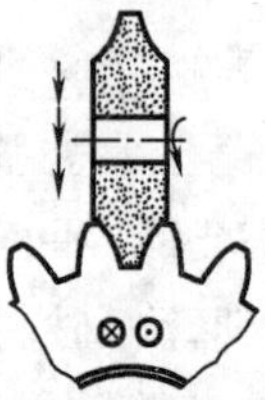	磨螺纹 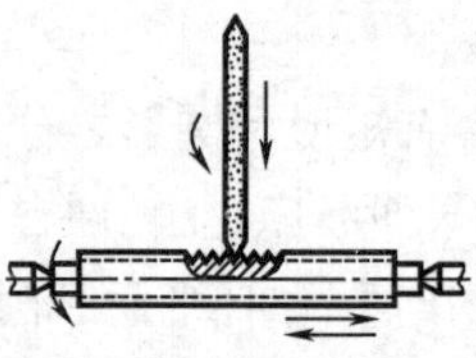	磨曲轴轴径 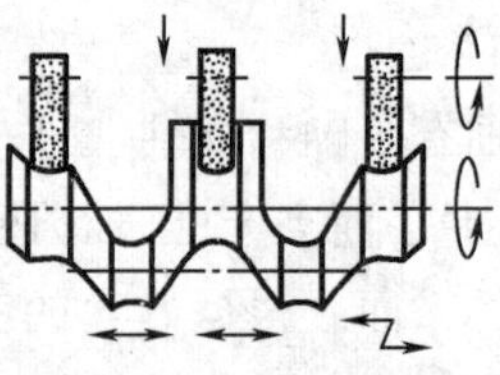	端磨法磨导轨面 

4. 砂轮

磨具是以磨料为主制成的切削工具,常见的磨具有砂轮、油石、砂带等,其中砂轮是磨具中应用最广的一种。砂轮是由一定比例的磨料和结合剂经压制和烧结而成,具有很多气孔,用磨粒进行切削。砂轮的特性取决于磨料、粒度、硬度、结合剂和组织等五个参数,砂轮的特性、形状和尺寸等,用代号和数字标志在砂轮的端面上,使用时应正确选用。

砂轮必须定期修整,一是去除已经磨损或被磨屑堵塞的砂轮表层,使里层锐利的磨粒显露出来参与切削;二是修整后使砂轮具有足够数量的有效切削刃,以提高砂轮的耐用度和减小工件表面的粗糙度值。修整砂轮常用的工具有单粒金刚石笔、多粒金刚石笔、金刚石滚轮等。

5. 磨削加工精度

根据砂轮粒度号和切削用量的不同,普通磨削可分为粗磨和精磨,均属精加工。表

2 – 16 是磨削加工所能达到的经济精度和表面粗糙度。

表 2 – 16　磨削加工的经济精度和表面粗糙度

加工表面类型	外圆或平面		内圆	
加工阶段	粗磨	精磨	粗磨	精磨
尺寸精度	IT8 ~ IT7	IT6 ~ IT5	IT8 ~ IT7	IT7 ~ IT6
表面粗糙度 $Ra/\mu m$	1.6 ~ 0.8	0.4 ~ 0.2	1.6 ~ 0.8	0.8 ~ 0.2

2.3　精整和光整加工方法

精整加工是指对切削加工后的表面继续进行以进一步提高尺寸精度和形状精度为目的加工技术。光整加工是指对切削加工后的表面继续进行以进一步降低表面粗糙度为目的,实现加工精度的稳定甚至提高加工精度等级的加工技术。精整和光整加工当前是指零件的表面粗糙度 Ra 值为 $0.1 ~ 0.008$ μm 或加工精度为 $1 ~ 0.1$ μm 的加工技术,均为最终加工工序。为了保证加工质量,在进行精整和光整加工之前,工件应达到较高的加工精度和较小表面粗糙度。

精整和光整加工常用的加工方法有研磨、珩磨、超精加工、抛光。

2.3.1　研磨

研磨是利用研磨工具和研磨剂,从工件上研去一层极薄表面层的光整加工方法。研磨是一种历史悠久、应用广泛而又在不断发展的加工方法。

1. 研磨的特点

(1)研磨尺寸精度和形状精度高,表面粗糙度低。尺寸精度可达 IT5 ~ IT3,表面粗糙度 Ra 值可达 $0.1 ~ 0.008$ μm。

(2)研磨可提高零件表面的耐磨性和疲劳强度。

(3)研磨不能提高工件各表面间的位置精度。

(4)研磨设备简单、制造方便,方法简便可靠,故研磨成本较低。

(5)研磨常在低速下进行,生产率较低。

2. 研磨工具与研磨剂

研磨工具是研磨剂的载体,用以涂敷和镶嵌磨料。研磨工具的材料要比工件材料软,最常用的是铸铁研磨工具,它适用于加工各种工件材料。铜、铅等研磨工具适用于切除较大余量的粗研,铸铁研磨工具则适用于精研。

研磨剂由磨料、研磨液及辅料调配而成。磨料应具有较高的硬度,常用的研磨磨料有刚玉、碳化硅、金刚石等。研磨液用煤油或煤油加机油,用来调和磨料及起冷却、润滑作用。辅料指油酸、硬脂酸或工业用甘油等氧化剂,使工件表面生成一层极薄的、较软的氧化膜,以提高研磨效率。

3. 研磨方式

研磨分手工研磨和机械研磨。

（1）手工研磨是手持研磨工具或工件进行研磨，如图2-16所示。图2-16(a)是手工研磨外圆，工件装在车床顶尖上，由主轴带动低速旋转，用手推动套在工件上的研磨工具做往复直线运动。图2-16(b)是手工研磨内圆，工件套在研磨工具上，用手推动工件做往复直线运动。粗研用的研磨工具常开有环槽或螺旋槽，起贮存研磨剂和排屑作用。

手工研磨方法简单，不需特殊设备，但生产率低，适用于单件小批生产。

图2-16　手工研磨

(a)研磨外圆；(b)研磨内圆

（2）机械研磨是在专用研磨机上进行，机械研磨具有生产率高，但需专用生产设备，仅用于批量生产。如图2-17所示为机械研磨圆盘工件，工件3置于隔板4的槽内互相隔开，研磨时，研磨压力通过上研磨盘轴6施加，上、下研磨盘1转速不等且转动方向相反，隔板4由下研磨盘上的偏心销5带动旋转，从而使工件3既转动又沿N的方向做径向往复滑动，使研磨轨迹不重复，从而保证了工件表面研磨均匀。

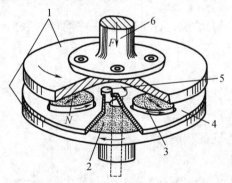

图2-17　机械研磨圆盘简图

1—研磨盘；2—研磨剂；3—工件；4—隔板；5—偏心销；6—上研磨盘轴

4. 研磨的应用

研磨可加工平面、外圆、孔和球面等常见的各种表面；研磨适应性好，不但适宜单件手工生产，也适合成批机械化生产；研磨加工的材料范围广，可加工钢材、铸铁、各种有色金属，以及半导体、陶瓷、玻璃、塑料等非金属材料；研磨能使两个零件表面达到精密配合，如阀和阀座等。在现代工业生产中，研磨仍常用于精密零件的最终加工，如精密量具、精密刀具、光学玻璃、精密配合表面等。

2.3.2 珩磨

珩磨是利用安装于珩磨工具圆周的油石,对工件表面施加一定压力,珩磨工具同时做相对旋转和直线往复运动,切除工件极小余量的一种精整和光整加工方法。珩磨主要用于加工内孔,在一定条件下,也可以加工平面、外圆、球面等。

珩磨加工在珩磨机上进行,它是利用珩磨头对工件进行表面精加工的机床。珩磨机以内圆珩磨机为主,此外还有外圆、平面、球面等珩磨机。

1. 珩磨加工原理

珩磨头结构有很多种,图 2-18(a)是一种简单的珩磨头。珩磨头与主轴浮动连接,使其沿孔壁自行导向,并通过特定结构推出油石做径向扩张,使其与孔壁均匀接触。在加工过程中,珩磨机主轴带动珩磨头做旋转和往复运动,油石不断做径向进给运动,实现珩磨加工。为了获得较小的表面粗糙度,每颗磨粒切削轨迹应成均匀而不重复的交叉网纹,如图 2-18(b)所示。

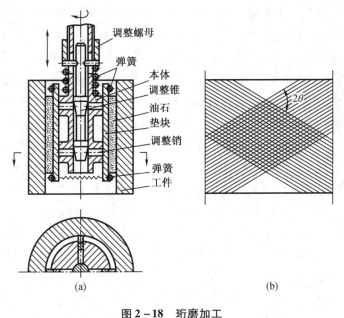

图 2-18 珩磨加工
(a)珩磨头及珩磨运动;(b)珩磨时磨粒运动轨迹

2. 珩磨的特点

(1)加工精度高、表面质量好。珩磨能够提高孔的尺寸精度和形状精度,降低表面粗糙度,但不能提高孔轴线的位置精度和直线度。尺寸精度可达 IT6~IT4,表面粗糙度 Ra 值为 0.4~0.05 μm,圆度或圆柱度为 0.003~0.005 mm。

(2)珩磨生产率较高。珩磨综合了磨削和研磨的主要特点,为面接触加工,同时参加切削的磨粒多。

(3)加工表面使用寿命长。珩磨加工的表面具有交叉网纹,有利于油膜的形成和保持,特别适用于相对运动精度高的精密偶件。

3. 珩磨的应用

珩磨的应用范围很广,主要用于加工各种圆柱形通孔、径向间断的表面孔、盲孔和多台阶孔,适宜加工的孔径范围为 15 ~ 500 mm 或更大,孔的长径比可达 10 以上。珩磨适宜加工钢件和铸铁件,不宜加工韧性较大的有色金属。

珩磨广泛用在汽车、拖拉机、液压件、轴承和航空等制造业中,如发动机的缸孔、缸套孔、主轴承孔及连杆的大头孔,各种液压装置的铸铁套和钢套的孔等。

2.3.3　抛光

抛光是以降低工件表面粗糙度或提高工件表面光亮度为目的,对前工序被加工表面所留痕迹进行去除或精整的工艺总称。抛光一般不能提高工件尺寸精度、形状精度和位置精度。

1. 抛光加工原理

抛光借助磨料与工件做相对运动,使磨料获得能量,产生滚压、滑擦、推挤、撞击作用,导致工件微小起伏表面产生塑性变形,对工件表面原有的微观不平起填平作用,从而前工序所留的痕迹逐渐被去除或精整。

2. 抛光的类型和特点

抛光分为人工抛光和机械抛光两种。人工抛光主要应用单片砂布、砂纸,通过手工控制,并与抛光件接触,完成抛光加工。机械抛光主要采用各种类型的抛光机,自动完成各种型面的抛光加工。常用抛光机有轮式抛光机和滚筒式抛光机,有时也用砂带磨床进行抛光加工。

(1)轮式抛光机。一般使用软质材料,如皮革、毛毡、帆布等材料制成抛光轮。抛光时,将抛光膏涂在抛光轮上,抛光轮高速旋转抛光工件。抛光一般在磨削或精车、精铣、精刨的基础上进行,不留加工余量,抛光后表面粗糙度 Ra 值可达 0.1 ~ 0.01 μm。

(2)滚筒式抛光机。也称滚磨加工机,是将工件和加工介质混合装入滚筒中,滚筒做旋转运动,工件与介质相互碰撞、摩擦,以实现对工件表面的光整加工。滚磨加工后的工件,表面粗糙度降低 1 ~ 2 级。主要用于铸锻件和热处理后的零件去飞边、氧化皮和表面清理,小型冲压件的去毛刺、倒棱角。

3. 抛光的应用

主要用于零件表面的修饰加工及电镀前的预加工。有些零件也可用抛光去飞边、倒棱角、氧化皮和表面清理。抛光可以加工外圆面、内圆面、平面及各种成形面。抛光不但用于金属零件,也能用于玻璃、塑料等非金属制品。

2.3.4　超精加工

超精加工是用极细磨料的油石,以恒定压力和复杂相对运动对工件进行微量切削,以降低表面粗糙度为主要目的的光整加工方法。

1. 超精加工原理

外圆的超精加工如图 2 - 19(a)所示,油石上面的压力弹簧使油石与工件之间保持恒定的压力。工件以低速旋转,油石以一定频率和振幅做往复振动,同时还做轴向进给运动,油石上的磨粒在工件表面刻划出极细微量不重复的痕迹,如图 2 - 19(b)所示。超精加工是在充分冷却润滑条件下进行的,油石和工件之间的切削液起冷却、润滑、清除切屑及形成油膜的作用。

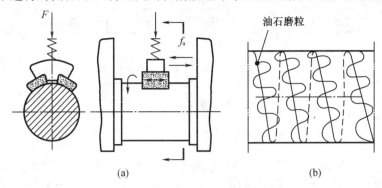

图 2 – 19　超精加工过程

(a)外圆的超精加工;(b)油石磨粒运动轨迹

2.超精加工的特点

(1)超精加工过程的时间非常短,一般在 30 秒左右,生产率高。

(2)一般不能提高尺寸精度、形状精度和位置精度,只能降低工件表面粗糙度,增加零件配合表面间的实际接触面积,表面粗糙度 Ra 值为 $0.1 \sim 0.01 \ \mu m$。

(3)只能切除微观凸锋,一般不留加工余量或只留很小的加工余量(0.003 ~ 0.01 mm)。

3.超精加工的应用

超精加工常用于加工外圆、内孔、平面、球面等多种表面。如曲轴、凸轮轴的轴颈外圆,飞轮、离合器盘的端平面,轴承的滚针、滚子和轴承滚道表面等。大批大量生产中,采用专门设计的超精加工机床;在中小批生产中,也可以利用装在普通车床、磨床或其他机床上的特殊磨头来进行超精加工。

2.4 数控加工方法

2.4.1　数控机床概述

数字控制(Numerical Control)技术是用数字化信号对机床运动及其加工过程进行自动控制的一种方法,简称数控(NC)技术。

数控机床(简称 NC 机床)是装备了数控系统,加工活动控制采用数控技术的自动化机床。它是数字控制技术和机床技术的有机结合,是典型的机电一体化产品。

数控机床较好地解决了复杂形体,精度要求高、多品种中小批量零件的加工问题,尤其对于约占机械加工总量80%的单件小批量零件的加工,更显示出特有的灵活性,实现了多品种中小批量产品的自动化。但数控机床技术复杂、成本较高,在实际采用时,要充分考虑其技术经济效果。

1.数控机床的组成

通常由输入装置、数控装置、伺服系统、机床本体、检测反馈装置五部分组成,如图 2 - 20 所示。

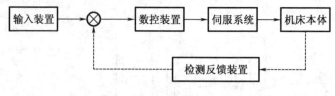

图 2 - 20　数控机床的组成

（1）输入装置

输入装置用于零件加工程序的输入。根据信息载体和数控装置的类型不同,可采用光电阅读机、键盘、磁盘、移动存储器、连接上级计算机的 DNC 接口、网络等多种形式输入到数控装置。

（2）数控装置

数控装置是数控机床的核心,负责接收信息载体送来的加工信息,并将其代码加以识别、存储、运算,输出相应的指令以驱动伺服系统,进而控制机床的动作。现代数控机床均使用计算机数控（CNC）装置,由硬件和软件组成。

（3）伺服系统

伺服系统是数控机床执行机构的驱动部件,主要包括旋转运动的主轴驱动系统和直线运动的进给驱动系统。伺服系统将来自数控装置的控制指令信号,放大成能驱动伺服电动机的大功率信号,实现机床工作部件的运动。伺服系统主要由伺服控制电路、功率放大电路和伺服电动机组成。常用的伺服电动机有步进电动机、直流伺服电动机和交流伺服电动机。

（4）机床本体

机床本体是数控机床的主体,指与普通机床相同或相似的部分。包括床身、立柱、主轴、工作台等机械部件;以及保证数控机床工作所必需的辅助装置,如液压、气动、润滑、冷却系统和排屑、防护等装置。同通用机床相比,数控机床设计要求更严格,采取了加强刚性、减少热变形、提高精度等方面的措施。另外,数控机床外部造型、整体布局、传动系统、刀具系统等方面均发生了很大的变化。

（5）检测反馈装置

检测反馈装置由检测元件及相应测量电路组成。用于检测速度、位移或工件尺寸,并将信息反馈给数控装置,构成闭环控制系统。检测反馈装置从伺服电机运转轴获取信息的数控系统称为半闭环控制系统（检测反馈装置包括在伺服系统中）,如果没有检测反馈装置的数控系统称为开环控制系统。比较常见的检测元件有旋转变压器、脉冲编码器、感应同步器、光栅、磁尺等。

2. 数控机床的加工原理

在数控机床上加工零件时,一般是先根据被加工零件的图样,制定工艺方案,用规定的程序代码和格式编写加工程序,然后将加工程序输入机床数控装置,经数控装置的处理与运算,发出各种指令,操纵机床伺服系统,控制机床的运动,自动将零件加工成型。图 2 - 21 为数控机床加工工作过程,图中虚线框为数控装置,具体包括程序存储、译码、数据处理、插补、位置控制等过程。

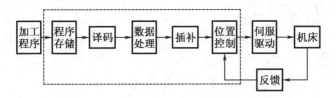

图 2 - 21　数控机床加工工作过程

3. 数控机床的分类

数控机床的分类,国内外尚无统一规定,一般按运动方式、工艺用途、伺服系统的控制方式等进行分类。

(1)按运动方式分类

①点位控制数控机床。只能控制运动部件从一点移动到另一点的准确定位,在移动过程中不进行加工,对两点间的移动速度和运动轨迹没有严格要求,如图 2 - 22 所示,由 A 到 B 有①②③条运动轨迹。常用于数控钻床、数控坐标镗床、数控冲床等。

②直线控制数控机床。不仅要控制从起点到终点的准确位置,而且要控制刀具(或工作台)以一定的速度沿与坐标轴平行的方向进行切削加工,如图 2 - 23 所示,按照由 1 到 9 的顺序进行。常用于简易数控车床、数控铣床。

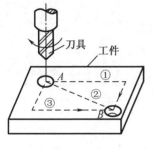

图 2 - 22　点位控制

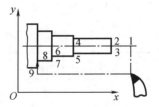

图 2 - 23　点位/直线控制

③轮廓控制数控机床。能够对两个或两个以上的坐标轴同时进行连续相关的控制,除了控制从起点到终点的准确位置外,还要控制整个加工过程中的走刀路线和速度,使合成的运动轨迹能满足零件曲线或曲面轨迹的要求,如图 2 - 24、图 2 - 25 所示。其数控装置一般要求具有直线和圆弧插补功能,常用的有数控车床、数控铣床、数控磨床、加工中心等。

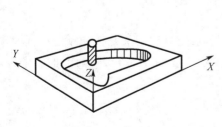

图 2 - 24　曲线加工

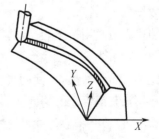

图 2 - 25　曲面加工

（2）按工艺用途分类

①普通数控机床。为了不同工艺需要，与通用机床一样，有数控车床、数控钻床、数控镗床、数控铣床、数控磨床等。

②数控加工中心。典型的有镗铣加工中心、车削加工中心等。

③数控特种加工机床。包括数控线切割机床、数控电火花成形机床、数控激光切割机床等。

（3）按伺服系统的控制方式分类

①开环控制数控机床。这类机床没有检测反馈装置，不能检测执行机构的实际位移，也不能进行误差校正，系统稳定性好，如图 2 - 26 所示。一般以步进电机作为伺服驱动元件，多用于经济型数控机床。

②闭环控制数控机床。在机床工作台上装有检测反馈装置，直接对运动部件的实际位置和运动速度进行检测，如图 2 - 27 所示。从理论上讲，可以消除整个驱动和传动环节的误差和间隙，具有很高的位置精度。主要用于精度要求高的镗铣床、车床、磨床及较大型数控机床等。

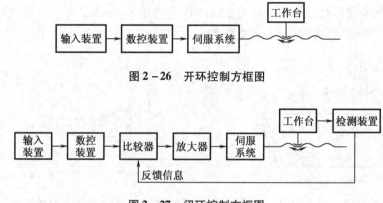

图 2 - 26　开环控制方框图

图 2 - 27　闭环控制方框图

③半闭环控制数控机床。将闭环控制系统中的位移检测反馈装置从机床工作台前移至伺服机构的输出端，不是直接检测运动部件的实际位置。半闭环控制的系统稳定性不如开环，但比闭环要好；其控制精度较闭环差，较开环好。半闭环控制在现代数控机床中得到了广泛应用。

4. 数控机床的特点

数控机床与通用机床相比，具有如下特点：

（1）加工精度高且质量稳定。数控机床本身制造精度高，又是按照预定程序自动加工，所以避免了人的操作误差，使同批量零件的一致性好。同时，可以通过实时检测反馈修正误差或补偿来获得更高的精度。

（2）生产率高。能在一次装夹中加工出零件的多个部位，省去了许多中间工序（如划线等），一般只需进行首件检验，大大缩短了生产准备时间。

（3）自动化程度高。除了装夹工件外，几乎全部加工过程都由机床自动完成，减轻了操作者的劳动强度，改善了劳动条件。

（4）适应性强。数控加工一般不需很复杂的工艺装备。当加工对象改变时,仅需改变程序,即可实现对零件的加工,适应于多品种单件小批零件的加工。另外,数控机床可以实现复杂的轨迹运动和加工复杂的空间曲面,适应于复杂异形零件的加工。

（5）便于生产管理。数控机床加工零件,能准确计算零件的加工工时,并简化了检验、工夹具和半成品的管理工作,有利于实现制造和生产管理的自动化。

但数控机床造价高、技术复杂、维修困难,对操作及管理人员素质要求较高。

5. 数控机床的应用范围

一般来说,数控机床特别适合加工零件较复杂、精度要求高、产品更新频繁、生产周期要求短的场合。

（1）多品种中小批量生产的零件。一般采用数控机床加工合理生产批量数在 10 ~ 100 件之间。

（2）形状复杂、加工精度要求高的零件。

（3）频繁改型的零件。利用数控机床可节省大量的工装费用,使综合费用下降。

（4）价值昂贵、不允许报废的关键零件。

（5）生产周期要求短的急需零件。

2.4.2　普通数控机床

为了不同加工工艺的需要,普通数控机床有数控车床、数控钻床、数控镗床、数控铣床、数控磨床等。下面简要介绍在机械制造行业占比较大的数控车床、数控铣床和数控磨床。

1. 数控车床

数控车床与普通车床相比,具有高精度、高效率、通用性强、自动化程度高等特点,适合中小批量形状复杂零件的多品种、多规格生产。主要用于轴类和盘套类回转体零件的多种工序加工,

数控车床的种类很多,通常按主轴的配置形式分为主轴水平布置的数控卧式车床和主轴垂直布置的数控立式车床。一般均由机床本体、数控装置、伺服系统、位置检测装置和辅助装置等几部分组成。

数控卧式车床是目前广泛使用的数控机床。主轴能自动变速,是空心的阶梯轴,内孔用于通过长的棒料,也可用于通过气动、电动及液压夹紧装置的机构。主轴前端采用短圆锥法兰式结构,用于安装卡盘和拨盘。刀架由伺服电动机驱动可实现 Z 轴（纵向）和 X 轴（横向）联动。刀架上安装车刀,由单独的电动机转动刀架转位换刀。尾架用于支撑工件,由液压系统驱动其伸缩。此外在床身上方设有防护罩,以保护操作者的安全和防止切削液污染环境。

2. 数控铣床

数控铣床是一种用途广泛的机床,具有加工精度高、生产效率高、精度稳定性好、操作劳动强度低等特点,它能完成各种平面、沟槽、螺旋槽、成形表面、平面曲线和空间曲线等复杂型面的加工,适合各种模具、凸轮、板类及箱体类零件的加工。数控铣床一般可三坐标轴联动加工,但也有部分为二坐标轴半联动加工（只能进行三轴中的任意两坐标轴联动,第三坐标轴周期性进给）。

数控铣床按机床主轴的布置形式与机床的布局特点,分为数控立式铣床、数控卧式铣床和数控龙门铣床等。

数控立式铣床是数控铣床中数量最多的一种,一般可进行三坐标轴联动加工,主要用于水平面内的型面和简单的立体型面加工。主轴与机床工作台面垂直,工件装夹方便,加工时便于观察,但不便于排屑。它一般采用固定式立柱结构,小型数控立式铣床其结构与通用立式升降台铣床相似,工作台由伺服电机驱动做 Z 轴(升降)、X 轴(纵向)、Y 轴(横向)移动,主轴不动;中型数控立式铣床的纵向和横向移动一般由工作台完成,且工作台还可手动升降,主轴除完成主运动外,还能沿垂直方向升降。为保证机床的刚性,主轴中心线距立柱导轨面的距离不能太大,因此,这种结构主要用于中小尺寸的数控铣床。此外,还有机床主轴可以绕 XYZ 坐标轴中的一个或两个数控回转运动的四坐标和五坐标数控立式铣床。数控立式铣床可以附加数控转盘、采用自动交换台、增加靠模装置等来扩大数控立式铣床的功能、加工范围和加工对象,从而进一步提高生产效率。

数控卧式铣床与通用卧式铣床相同,主要用于垂直平面内的各种型面加工。主轴与机床工作台面平行,加工时不便于观察,但排屑顺畅。为了扩大加工范围和扩充功能,一般配有数控回转工作台或万能数控转盘来实现四坐标、五坐标加工,这样不但工件侧面上的连续轮廓可以加工出来,而且可以在一次安装过程中,通过转盘改变工位,进行四面加工。但从制造成本上考虑,单纯的数控卧式铣床现在已比较少,而多是配备自动换刀装置后成为卧式加工中心。

数控龙门铣床一般采用对称的双立柱结构,以保证机床的整体刚性和强度,这种结构用于大尺寸的数控铣床。数控龙门铣床有工作台移动和龙门架移动两种形式。主要用于大、中等尺寸,大、中等质量的各种基础大件、板件、盘类件、壳体件和模具等多品种零件的加工,工件一次装夹后可自动高效、高精度地连续完成铣、钻、镗和铰等多种工序的加工,适用于航空、重型机械、机车、造船、机床、印刷和模具等制造行业。

3. 数控磨床

数控磨床有数控外圆磨床、数控内圆磨床、数控平面磨床、数控坐标磨床等。在数控磨床拥有量中数控外圆磨床占 50% 以上,也是数控磨削时首选的一类工艺装备。数控外圆、内圆、平面磨床与相应的通用磨床在外形结构、加工范围等方面相似,但也有其特点。数控坐标磨床主要用于经淬硬和硬质合金的各种复杂模具的型面、具有高精度坐标孔距要求的孔系,以及各种凹凸的曲面和由任意曲线组成的平面图形等的磨削加工。

数控外圆磨床与普通外圆磨床相比具有如下特点:

(1)在磨削范围方面,数控外圆磨床除普通外圆磨床的磨削范围外,还可磨削圆环面,以及各种形式的复杂的组合表面。

(2)在进给方面,普通外圆磨床只能横向(径向)进给和纵向(轴向)进给,数控外圆磨床除 X 轴(横向)进给和 Z 轴(纵向)进给外,还可以两轴联动,任意角度进给,以及做圆弧运动等。

(3)数控外圆磨床在磨削量的控制、自动测量控制、修整砂轮和补偿等方面也有突出的优点。

2.4.3　加工中心

加工中心(Machining Center,简称 MC)是一种备有刀库和自动换刀装置,且能对工件进行多工序加工的数控机床。

加工中心的数控系统能使其按照不同工序自动选择和更换刀具;能自动改变机床主轴转速、进给量、刀具相对工件的运动轨迹及其他辅助功能;能依次完成工件多个表面上多个工序的加工。

1.加工中心的特点

加工中心同普通数控机床机比,具有如下特点。

(1)多工序加工。加工中心是一种综合加工能力较强的数控机床,它把铣削、镗削、钻削、攻螺纹和切削螺纹等工序集中在一台设备上,使其具有多种工艺手段。

(2)具有刀库和自动换刀装置。加工中心设置有刀库,刀库中存放着不同数量的各种刀具或检具,在加工过程中由程序自动选用和更换。

(3)结构较复杂和控制功能较多。加工中心最少有三个运动坐标,多的达十几个。其控制系统功能最少可实现两轴联动,实现刀具运动直线插补和圆弧插补。有的可实现五轴、六轴联动。另外,还具有不同的辅助功能,如各种加工固定循环,刀具半径自动补偿,刀具长度自动补偿,刀具破损报警,故障自动诊断,工作过程图形显示,人机对话,工件在线检测等。

2.加工中心的类型

加工中心依据主轴在空间所处状态,一般分为立式加工中心、卧式加工中心、复合加工中心。按照系统的观点,加工中心同其他数控机床一样,由 CNC 数控系统、伺服系统、加工中心本体三大系统构成。加工中心本体一般由主轴头、换刀机构及刀库、立柱、立柱底座、工作台、工作台底座等组成。图 2 - 28 所示为立式加工中心,立柱和立柱底座是机床的基础部件,为固定立柱型,工作台十字运动;图 2 - 29 所示为卧式加工中心,为移动立柱型,立柱可十字运动。

立式加工中心的主轴垂直于水平面,最少是三轴二联动,一般可实现三轴三联动。立式加工中心冷却条件易建立,切削液能直接到达刀具和加工表面;切屑易排除和掉落,避免划伤加工过的表面。立式加工中心适合高度方向尺寸相对较小的中小型零件的多工序加工。

卧式加工中心的主轴是水平的,一般有 3～5 个坐标轴,且常配有一个回转轴。它的刀库容量一般较大,有的刀库存放有几百把刀具。卧式加工中心的结构比立式加工中心复杂,价格较高,占地面积和体积较大。卧式加工中心的功能较立式加工中心多,在立式加工中心上加工不了的工件,在卧式加工中心上一般都能加工。卧式加工中心较适合箱体类零件的多工序加工。

复合加工中心也称为五面加工中心或立卧加工中心,主轴或工作台可作垂直和水平转换,立、卧兼容,实现多方向加工而无须多次装夹工件。适用于具有多面、多方向或多坐标复杂型面的零件加工。

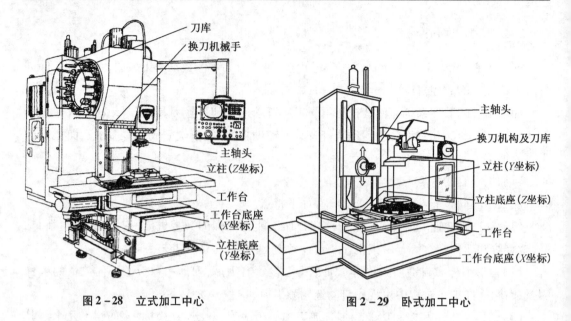

图2-28 立式加工中心　　　　　图2-29 卧式加工中心

3.加工中心的应用范围

加工中心适用于形状复杂、精度要求较高的单件或中小批量生产的零件。特别是对于必须采用工装和专机设备来保证加工质量和生产效率的工件,可以省去工装和专机。

加工中心的主要加工对象可分为以下几类。

(1)既有孔系又有平面的零件。加工中心的自动换刀装置,可在一次安装中完成零件上平面的铣削、孔系的镗削、钻、扩、铰及攻螺纹等多工序加工。加工部位不必在一个平面上。加工中心的加工首选对象是既有孔系又有平面的零件,如盘套类、箱体类零件。

(2)外形不规则零件。异形件是外形不规则的零件,大多数需进行点、线、面多工位混合加工,例如支架、样板、靠模支架、基座等。采用加工中心加工,则可利用其工序集中,可实现多工位点、线、面混合加工的特点,采用合理的工艺措施,通过一两次装夹,便可完成大部分(甚至全部)的加工工作。

(3)复杂曲面类零件。加工中心可方便地实现对凸轮类、叶轮类和模具类等由复杂曲线、曲面组成零件的加工。

2.5　特种加工方法

2.5.1　特种加工概述

随着科学技术的进步和生产发展的需要,许多高熔点、高硬度、高强度、高脆性和高韧性等难切削的材料不断出现,同时各种复杂结构与特殊工艺要求的零件也越来越多。采用传统的切削加工方法往往难以满足要求,于是出现了特种加工方法。

特种加工方法是直接借助电能、热能、声能、光能、电化学能、化学能以及特殊机械能等多种能量或其复合应用以实现材料切除的加工方法。特种加工方法已成为现代机械制造技术中不可缺少的一个组成部分。

1. 特种加工的分类

目前,国内外已开发应用的特种加工方法有数十种之多,在生产实践中发挥了重要的作用。特种加工的分类一般按能量形式和作用原理进行划分,表 2 - 17 是常用特种加工方法。

表 2 - 17　常用特种加工方法

主要能量形式	加工方法
电能、热能	电火花加工
	电子束加工
	等离子弧加工
电能、化学能	电解加工
电能、机械能	离子束加工
声能、机械能	超声加工
光能、热能	激光加工
机械能	水射流切割

2. 特种加工的特点

特种加工与传统的切削加工相比,具有如下特点:

(1)工具材料的硬度一般小于被加工材料的硬度,某些特种加工方法可以不用工具。

(2)加工过程中工具与工件之间不接触或者间接接触,因而机械力不明显。

(3)能量密度高,加工能量易于控制和转换,加工过程易于实现自动化。

3. 特种加工的应用

特种加工的应用范围相当广泛,主要应用领域包括:

(1)难加工材料。例如不锈钢、耐热钢、钛合金、工程陶瓷、复合材料、红宝石、金刚石、锗和硅等高强度、高硬度、高脆性、高熔点的材料。

(2)复杂型面与微细表面。例如型孔、三维型腔、叶片等复杂型面,以及窄缝、微孔等微细表面的加工。

(3)精密与低刚度的零件。例如表面质量和精度要求很高的陀螺仪、伺服阀等精密零件,以及弹性元件、细长轴、薄壁筒等低刚度零件的加工。

2.5.2　电火花加工

在插头或电器开关触点刚闭合或断开时,往往会出现蓝白色的电火花,使接触表面烧蚀,这种电蚀现象应用到生产中,就得到了一种新型特种加工方法——电火花加工。

电火花加工又称放电加工(Electrical Discharge Machining,缩写为 EDM),是在一定的液体介质中,利用工具和工件(分别为正电极、负电极)两电极之间产生火花放电时的电蚀效应来蚀除部分金属材料的加工方法。日本、英国、美国称之为放电加工,苏联称之为电蚀加工。在特种加工中,电火花加工的应用最为广泛。

1. 电火花加工的原理

电火花加工的原理如图2-30所示。工件与工具电极分别与脉冲电源的两个输出端相连接,并浸在绝缘介质(如媒油)中。自动进给调节装置使工具和工件间保持一很小的放电间隙。当脉冲电压加到两极之间,使当时条件下某一间隙最小处或绝缘强度最低处的绝缘介质被电离击穿,形成火花放电通道。瞬时高温使放电点周围金属迅速熔化和汽化,并产生爆炸力,将熔化和汽化的小金属抛离工具和工件表面而形成一个小凹坑。经过一段时间间隔,工作液恢复绝缘后,第二个脉冲电压又加到两极上,进行下一次脉冲放电。如此连续不断重复放电,工具电极不断地向工件进给,就将工具的形状复制在工件上,加工出所需要的零件。

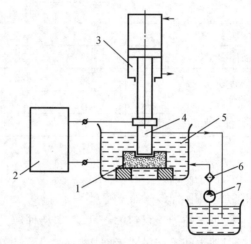

图2-30　电火花加工原理示意图

1—工件;2—脉冲电源;3—自动进给调节装置;4—工具;5—工作液;6—过滤器;7—工作液泵

综上所述,电火花加工就是一个电蚀过程,经历了四个阶段:绝缘介质电离击穿,火花放电通道形成,金属高温熔化和汽化,金属微粒抛离电极表面。

在电火花加工过程中,即使是正负电极材料相同,也总是其中一个电极的蚀除量比另一个多些,这种现象叫作"极性效应"。若以工件为阳极,则称为正极性加工;若以工件为阴极,则称为负极性加工。为了提高生产效率和降低工具电极损耗,对于不同的材料、不同的电源、不同的工作液,应正确地选择不同的极性,使工件的蚀除量大于工具的蚀除量。

一般情况下,在宽脉冲(例如纯铜工具电极加工钢时,脉冲宽度大于120 μs)粗加工时采用负极性加工,在窄脉冲(例如纯铜工具电极加工钢时,脉冲宽度小于15 μs)精加工时采用正极性加工,有利于降低工具电极的相对损耗。

用石油产物的油类碳氢化合物作工作液,加工时在高温作用下易分解出大量的碳粒子,并附着在正极表面,可对电极起到保护和补偿作用,这种现象称为吸附效应。因此,要利用吸附效应,必须采用负极性加工。

2. 电火花加工的特点

电火花加工是利用脉冲放电时的电腐蚀现象来进行加工的,与机械加工相比,电火花加工有如下特点：

（1）可加工任何高强度、高硬度、高脆性、高韧性、高熔点的导电材料。如不锈钢、钛合金、工业纯铁、淬火钢、硬质合金等。

（2）加工时两电极不接触，无明显的切削力，适用于微细结构和低刚度零件的加工。如窄槽、小孔（直径 0.3～3 mm）、细微孔（直径小于 0.2 mm），以及薄壁件。

（3）工具材料不必比工件材料硬，便于复杂形状的工具电极制造，适用于复杂型孔和型腔的加工。如锻模、压铸模、塑料模等各种型腔模的电极材料多采用紫铜和石墨。利用数控技术，甚至可用简单的工具电极加工出复杂形状的零件。

（4）脉冲参数（如电流幅值、脉冲宽度、脉冲间隔时间等）可根据需要进行调节，因此，可在同一台机床上进行粗加工（Ra 10～20 μm）、半精加工（Ra 2.5～10 μm）和精加工（Ra 0.32～2.5 μm）。

（5）生产效率一般低于切削加工。电火花加工的表面粗糙度和加工速度之间存在着显著的矛盾，如表面粗糙度从 Ra 2.5 μm 降到 Ra 1.25 μm，加工速度要下降 10 多倍。目前，一般电火花加工到 Ra 0.63～2.5 μm 之后采用研磨方法改善其表面粗糙度更经济些。

3. 电火花加工的应用

由于电火花加工的应用日益广泛，因此电火花加工机床的种类和应用形式也呈多样性方向发展，但其加工机理都是建立在电火花加工原理之上的。

目前常用的电火花加工为电火花成形加工和电火花线切割加工两种，此外还有电火花磨削加工、同步回转电火花加工、电火花表面强化等类型。

4. 电火花成形加工

电火花成形加工包括型腔加工和穿孔加工两大类，均可在电火花成形加工机床上进行。对于深小孔加工目前已有专用的深小孔高速电火花加工设备。电火花成形加工的特点是电极相对于工件产生一进给运动，有时还伴随着一两个辅助运动，如振动、平动、摇动等。

电火花型腔加工主要用于锻模、压铸模、塑料模、挤压模等三维型腔的加工，以及型面加工和表面雕刻等，如图 2-31 所示。

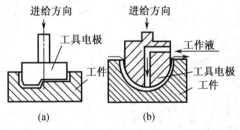

图 2-31　电火花型腔加工

（a）普通工具电极；（b）开有冲油孔的工具电极

电火花穿孔加工适用于型孔（包括圆孔、方孔、多边孔、异形孔）、斜孔、弯孔、深孔及微小孔的加工，如图 2-32 所示。

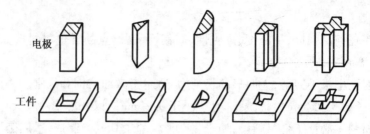

图 2 – 32　电火花穿孔加工

我国型号规定为"D71XX",其中"D"表示电加工机床,"71"表示电火花穿孔、型腔加工机床,"XX"表示机床工作台宽度(以 cm 表示)。电火花成形加工机床主要由机床本体、脉冲电源系统、自动进给调节系统和工作液过滤循环系统四大部分构成。目前普遍采用数控技术,图 2 – 33 是数控电火花成形加工机床原理图。图 2 – 34 为电火花成形加工机床组成,具体如下:

(1)机床本体。由床身、立柱、主轴头、工作台等组成,用以实现工件和工具电极的装夹、固定和调整等。

(2)脉冲电源系统。其作用是将普通 220 V(或 380 V)、50 Hz 的交流电流转换成频率较高的单向脉冲电流,实现电极间隙的火花放电来蚀除金属。脉冲电源对电火花加工的生产率、表面质量、加工精度、加工过程的稳定性和工具电极的损耗等技术经济指标有极大影响。

(3)自动进给调节系统。在电火花加工过程中,工件不断地被蚀除,工具电极也有一定的损耗,放电间隙将逐渐增大。因此,必须由自动进给调节系统进行工具电极补偿进给,维持正常的放电间隙。

(4)工作液循环过滤系统。电火花加工时,一般都在具有一定绝缘性能的液体介质中进行,主要起电极间绝缘、排除金属微屑、冷却电极等作用。常用工作液有煤油、机油等。乳化液和去离子水主要用于小面积或线切割加工中。

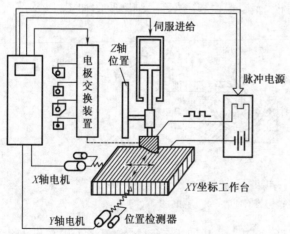

图 2 – 33　数控电火花成形加工机床原理图

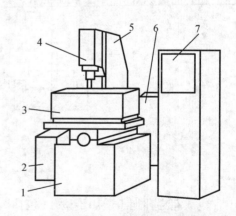

图 2 – 34　电火花成形加工机床

1—床身;2—液压油箱;3—工作液箱;4—主轴头;

5—立柱;6—循环过滤装置;7—电器柜

5. 电火花线切割加工

电火花线切割加工(英文缩写 WEDM)是利用连续移动的细金属丝作为工具电极,按预定的轨迹进行脉冲火花放电切割。图 2-35 为电火花线切割原理图,电极丝(钼丝或铜丝)在贮丝筒的作用下做正反向交替移动,脉冲电源的负极与电极丝相接,正极与工件相接,在电极丝和工件之间浇注工作液,同时工件在工作台的控制下按预定的程序运动,从而切割出所需的工件形状。

根据电极丝的运行速度,电火花线切割机床通常分为高速走丝电火花机床和低速走丝电火花机床两大类。

高速走丝电火花机床的电极丝做高速往复运动,走丝速度为 6～11 m/s,电极丝以钼丝为主,工作液一般采用专用乳化液,最高加工精度 ±0.01～±0.005,表面粗糙度值为 Ra 3.2～1.6 μm,这是我国所独有的线切割加工模式。图 2-36 为高速走丝线切割机床,主要由机床本体、脉冲电源、控制系统、工作液循环过滤系统组成。

低速走丝电火花机床的电极丝做低速单向运动,走丝速度为 1～15 m/min,电极丝以铜丝为主,工作液一般采用去离子水,最高加工精度 ±0.005～±0.002,表面粗糙度值为 Ra 1.6～0.8 μm,这是国外生产和使用的主要机种。

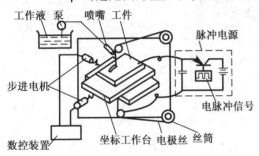

图 2-35　数控电火花线切割机床工作原理图

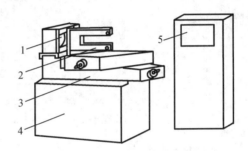

图 2-36　高速走丝电火花线切割机床组成
1—贮丝筒;2—丝架;3—坐标工作台;
4—床身;5—电器柜

电火花线切割加工已成为一种高精度和高自动化的加工方法,在模具制造、成形刀具加工、难加工材料和精密复杂零件的加工方面得到了广泛应用,主要加工各种形状复杂的型孔、型面和窄缝。

电火花线切割加工与电火花成形加工相比,具有如下特点:

(1)由于电极丝很细,可以加工出微细异形孔、窄缝和形状复杂的工件。最小切缝宽度可达 0.04 mm,最小内角半径可达 0.02 mm。

(2)电极丝不断移动,单位长度损耗少,从而对加工精度影响小。

(3)不需要像电火花成形加工一样的成形工具电极,减少了工具电极的设计与制造工作量,缩短了生产准备周期。

2.5.3　电解加工

电解加工又称电化学加工(Electrochemical machining ,简称 ECM),是利用金属在电解液中产生阳极溶解的电化学原理对工件进行成形加工的一种方法。电解加工是继电火花加工之后发展较快、应用较广泛的一种特种加工方法。我国在 20 世纪 60 年代就用于炮管腔线、航空发动机叶片型面及锻模型面的加工,目前已成为国防航空和机械制造业中不可缺少的重要工艺手段。

1. 电解加工的原理

电解加工的原理如图 2 - 37 所示。加工时工件 3 接直流电源 1 的正极,成形工具 2 接直流电源 1 的负极,在两极之间电压通常为 6 ~ 24 V,并保持两极之间一定间隙值(0.1 ~ 1 mm),用具有一定压力(0.5 ~ 2 MPa)的电解液从间隙中以 5 ~ 50 mm/s 的速度流过,促使两极间形成导电通道,并产生电流,阳极工件被加工表面的金属按工具阴极形状迅速溶解,电解后的产物则被电解液带走。随着工具阴极不断地向工件做缓慢进给运动,工件阳极表面的形状便逐渐与阴极形状相接近,直至将工具电极的型面"复印"到工件上而得到所需型面。

电解加工在专用的电解机床上进行,工具的阴极常采用黄铜和不锈钢等。

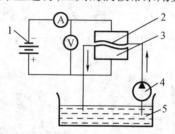

图 2 - 37　电解加工原理示意图

1—直流电源;2—工具阴极;3—工件阳极;4—液压泵;5—电解液

2. 电解加工的特点

电解加工与传统的切削加工相比具有如下的特点:

(1)加工范围广。凡是导电材料都可进行加工。且不受材料强度、硬度、韧性的限制,如加工硬质合金、不锈钢、淬火钢、高温耐热合金等。

(2)无机械切削力。适合加工各种复杂形体件,刚性差的薄壁零件。

(3)表面质量好。加工表面无刀痕、飞边、毛刺,一般可获得表面粗糙度值为 Ra 1.25 ~ 0.2 μm,尺寸精度 ±0.1 mm 左右的零件。

(4)生产效率高。电解加工是特种加工中材料去除速度最快的方法之一,约为电火花加工的 5 ~ 10 倍。

(5)阴极不损耗。工具阴极理论上无损耗,可长期使用并保持其精度。

电解加工的不足主要体现在附属设备多,占地面积大,机床价格较高;加工精度难以严格控制,且加工不出直棱直角;电解液有腐蚀作用,使用时需采取防腐措施,同时也要重视回收和处理。

电解加工适用于大批量生产时表面质量要求较高、加工精度较低的工件。

3. 电解加工的应用

电解加工主要用于加工型孔、型腔、复杂型面、深小孔、套料、去毛刺、抛光、刻印等方面。

2.5.4　超声波加工

超声波是指频率超过 16 kHz 的振动波（人耳能感受到的声波的频率为 16 Hz ～ 16 kHz）。超声波和声波一样，可以在气体、液体和固体介质中传播。同一振幅时，超声波在液体、固体中的强度、功率、能量密度要比空气中的声波高千万倍。

超声波加工（Ultrasonic Machining，简称 USM）也称超声加工，是利用工具端面的超声频振动，借助磨料悬浮液加工脆硬材料的一种成形加工方法。

1. 超声波加工的原理

超声波加工原理如图 2－38 所示。在工具 2 和工件 1 之间加入水或煤油和磨料混合的悬浮液 3，并且工具以很小的力 F 轻轻地压在工件上。超声换能器 6 产生 16 kHz 以上的超声频纵向振动，变幅杆把振动的振幅放大到 0.01～0.1 mm，驱动工具端面作超声振动，从而使工作液中的悬浮磨粒以很大的速度和加速度不断地撞击、抛磨被加工表面，把加工区的工件局部材料粉碎成非常细小的微粒，并撞击下来。虽然每次撞击下来的材料很少，但由于每秒钟 16 000 次以上的撞击次数，因此，具有一定的加工速度。同时当工具端面以很大的加速度离开工件表面时，加工间隙中的工作液内可能出现负压和局部真空形成许多微小的空腔。当工具端面再以很大的加速度接近工件表面时，空腔闭合，从而形成很强的液压冲击波，这种现象称为"超声空化"。超声空化将促使工作液钻入被加工材料的微裂缝及晶界内部，加剧机械破坏作用，有助于提高去除材料的效果。可见，超声波加工过程是磨粒在工具端面的超声振动下，进行机械锤击和研抛，并辅助以超声空化的综合作用过程。

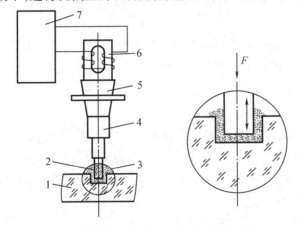

图 2－38　超声波加工原理图示意图

1—工件；2—工具；3—磨料悬浮液；4，5—变幅杆；6—换能器；7—超声波发生器

2. 超声波加工的特点

（1）适合加工各种硬脆材料，特别是一些不导电的非金属材料，如玻璃、陶瓷、石英、硅、玛瑙、宝石、金刚石及各种半导体等。对导电的硬质金属材料，如淬火钢、硬质合金也能加工，但生产率低。

（2）工件只受磨料瞬时局部冲击力的作用，没有横向摩擦力，故受力很小，有利于加工薄壁或刚性差的零件。

（3）加工精度高、表面质量好。尺寸精度可达 0.02 ~ 0.01 mm，表面粗糙度可达 Ra 0.8 ~ 0.1 μm。

（4）加工机床结构和工具均较简单，操作、维修也比较方便。工具可用较软的材料做成较复杂的形状，不需要工具相对于工件作复杂的运动。

3. 超声波加工的应用

超声波加工主要应用如下：

（1）型孔和型腔加工。在模具制造行业，可用于在脆硬材料上加工圆孔、型孔、型腔、套料及微细孔等，如图 2 – 39 所示。

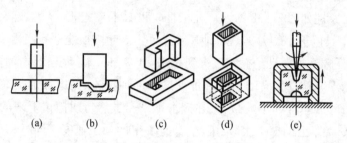

图 2 – 39　超声波加工的应用
（a）加工圆孔；（b）加工型腔；（c）加工异型孔；（d）套料；（e）加工微细孔

（2）超声波清洗。超声波在清洗液中产生交变的冲击波和超声空化现象，使物体表面及缝隙中的污垢迅速剥落，从而达到清洗物体的目的。

（3）超声波切割。利用超声波可对机械方法难以切割的锗、硅等又脆又硬的半导体材料进行切割。

（4）超声波抛光。用于要求表面粗糙度值很小的注塑模、压铸模和异形模具等制造。效率较高，如超声波抛光硬质合金和淬火钢比普通抛光分别提高约 20 倍和 15 倍。

2.5.5　激光加工

激光是一种分子、原子或离子的量子现象，是一种受激辐射发出的加强光。它与任何其他光源发出的光相比，具有高亮度、高单色型、高能量密度和较好的方向性等特点。

激光加工（Laser Beam Machining，简称 LBM）是利用激光聚焦照射到工件上后产生的高温来去除工件材料的特种加工方法。

1. 激光加工的原理

图 2 – 40 是固体激光器加工原理示意图。图中 3 为激光工作物质，在固体激光器中广泛采用的是红宝石、钕玻璃等，气体激光器可采用二氧化碳、氩离子等。11 为光泵，它是激励能源，能将工作物质 3 的一些离子由低能级激发到高能级并形成粒子数反转，形成受激辐射的激励光源。当工作物质 3 被激发以后，在一定的条件下可使光得到放大，并通过 1 和 5 组成的光谐振腔的作用产生光的振荡，输出激光。再通过透镜 6 聚焦到工件 7 的待加工表面上，可获得 10^8 ~ 10^{10} W/cm² 的功率密度，以及 10 000 ℃ 以上的高温。因此，能在千分之几秒，甚至更短的时间内使物质熔化和汽化或改变物质的性能，从而达到加工或使材料局部改性的目的。

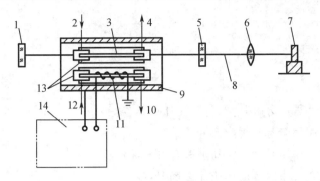

图 2 - 40　固体激光器加工原理示意图

1—全反射镜；2,12—冷却水入口；3—工作物质；4,10—冷却水出口；5—部分反射镜；
6—透镜；7—工件；8—激光束；9—聚光器；11—光泵(氙灯)；13—玻璃管；14—电源

2. 激光加工的特点

激光加工的主要特点如下：

(1)功率密度高。可以加工任何能熔化而不易产生化学分解的固体材料。如高熔点材料、高温合金、钛合金等各种金属材料，以及陶瓷、金刚石、石英、橡胶等非金属材料。

(2)加工不需要工具。属于非接触加工，加工变形小，不存在工具损耗。

(3)能进行微细加工。激光束能聚焦成 1 μm 以下的光斑，加工孔径和窄缝可以小至几微米，其深度与直径、缝宽比可以达 5 ~ 10 以上。

(4)生产率高。加工速度快，且热变形小；激光束传递方便，易于控制，适于自动化连续操作。

(5)能实现特殊工艺要求。可透过玻璃等透明介质对工件进行加工，如对真空管内部零件进行加工、焊接等。

3. 激光加工的应用

激光加工可用于激光打孔、激光切割、激光焊接、激光热处理等各种加工方法。其加工原理是相同的，都是利用激光束产生的瞬时高温对工件材料进行蚀除、焊接或改变材料的物理、化学性能的加工方法。

(1)激光打孔。主要应用于特殊零件或特殊材料上加工孔，如喷油嘴、钟表上的宝石轴承、聚晶金刚石拉丝模等零件上的微细孔加工。

(2)激光切割。不但能切割金属材料，还能切割各种非金属材料，它还能透过玻璃切割。切口宽度小，一般为 0.15 mm 左右。切割面光洁美观，一般切割后不需机械加工。能实现精细切割，工件的尺寸精度可达 ±0.05 mm。

(3)激光焊接。激光焊接是激光加工技术的重要应用领域，是一种高效焊接方法。激光焊接过程时间短，热影响区小，焊缝质量高。一般不需要焊料和焊剂，除了可以焊接同种材料，也可以焊接异种材料，还可以透过玻璃进行焊接。

(4)激光热处理。根据激光束的功率密度的高低及激光束与材料表层作用时间长短，激光对零件表面可产生加热、熔化与冲击作用，从而获得不同的工艺效果。激光能实现对铸铁、中碳钢、甚至低碳钢等材料的激光表面淬火，激光淬火层的深度一般为 0.7 ~ 1.1 mm。与火焰淬火等成熟工艺相比，激光表面淬火具有加热快、不需要冷却介质、可以对形状复杂的零件进行处理等优点。

思考题及习题

1. 机床按通用性程度分哪几类,各用在什么场合?

2. 机床应具备哪三个基本组成部分?

3. 切削液的主要作用是什么? 切削液有哪几类?

4. 卧式车床和立式车床各应用于什么场合?

5. 精细车常用于加工哪种材料的零件?

6. 车削为什么易于保证各加工面的位置精度?

7. 麻花钻钻孔存在"三差一大"问题,指的是什么?

8. 钻孔、扩孔、铰孔分别用于哪类孔加工?

9. 在卧式车床和钻床上钻孔的切削运动是否相同?

10. 单刃镗刀和双刃浮动镗刀加工的孔在形位精度上有何区别?

11. 铣削和刨削在工艺特点上有何异同?

12. 牛头刨床与龙门刨床的切削运动是否相同?

13. 刨刀刀杆为什么常做成弯头的?

14. 万能外圆磨床的磨削方法有哪些? 切削运动各是什么?

15. 无心磨削常用于哪类零件的加工?

16. 磨内圆与磨外圆工艺特点有何区别?

17. 常见的平面加工方法有哪些? 它们各适用什么场合?

18. 精整加工和光整加工有何区别? 常用的有哪些精整和光整加工方法?

19. 孔的加工方法有哪些? 列表比较其加工精度?

20. 珩磨的内孔表面为什么会形成交叉网纹?

21. 数控机床由哪些部分组成?

22. 数控机床的开环系统和闭环系统有何区别?

23. 数控机床按伺服系统的不同可分为哪几类? 目前使用最多的是哪类?

24. 数控机床的特点是什么?

25. 简述数控机床的应用范围。

26. 数控机床按运动控制方式可分为哪几类?

27. 数控机床按工艺用途不同可分为哪几类?

28. 试说出四种应用不同能量形式的特种加工方法?

29. 特种加工有何特点? 适用于哪些方面零件的加工?

30. 在硬脆不导电材料上雕刻花纹时,最好采用什么特种加工方法?

31. 在橡胶上加工直径为 $\phi 0.5$ mm 的小孔,适合采用电火花穿孔、激光打孔还是超声波穿孔?

32. 电火花成形加工与电火花线切割加工可以加工哪些材料?

33. 电火花成形和线切割常用什么电极材料?

34. 超声波加工、电火花加工、激光加工中哪些方法适合加工硬脆非金属材料的工件?

35. 简述电火花加工、电解加工、超声波加工、激光加工的特点?

第3章 常见表面加工方案选择

机械零件种类繁多,但均由一些最基本的几何表面组成,包括外圆表面、内圆表面、锥面、平面和成形面等。零件表面的类型和要求不同,采用的加工方法和方案也不相同。每一种表面的加工方法,一般不是唯一的,常有多种。表面的技术要求越高,加工过程越长,采用的加工方法就越多。

将多种加工方法按一定的顺序组合起来,依次对表面进行由粗到精的加工,以逐步达到所规定的技术要求,我们将这种组合称为加工方案。

合理选择这些常见表面的加工方案,是保证零件表面加工要求的最基本的条件,同时也是正确制定零件加工工艺的基础。

3.1 零件表面的加工阶段

对于那些加工质量要求较高或比较复杂的零件,为了保证零件表面的加工质量,表面上的加工余量往往不是一次切除掉的,而是逐步减少背吃刀量,分阶段切除的。通常将零件表面的加工划分为粗加工阶段、半精加工阶段、精加工阶段、精整和光整加工阶段等。

粗加工阶段:目的是尽快从毛坯上切除多余材料使其接近零件的形状和尺寸。

半精加工阶段:目的是进一步提高精度和降低表面粗糙度 Ra 值,并留下合适的余量,为主要表面的精加工做准备。

精加工阶段:目的是使零件的主要表面达到规定的加工精度和表面粗糙度要求,或为要求更高的主要表面的精整和光整加工做准备。

精整和光整加工阶段:目的是在精加工基础上进一步提高精度和减小表面粗糙度 Ra 值,相应的加工方法有研磨、珩磨、超精加工、抛光等。

划分加工阶段的主要原因是:

(1)合理使用设备和技术工人。划分加工阶段后,根据粗、精加工阶段可合理地安排精度和功率不同的机床以及不同技术等级的工人来进行加工。

(2)保证加工质量。粗加工时,背吃刀量和进给量大,切削力大,产生的切削热多。由于工件受力、受热变形以及内应力重新分布等,将破坏已加工表面的加工精度和表面质量,因此,只有在粗加工之后再进行半精加工和精加工,才能保证质量要求。

(3)及时发现毛坯的缺陷。粗加工时可去除零件表面的大部分余量,当发现零件内部有缺陷时,可以及时将其报费或修补,避免继续加工而造成损失。

(4)利于热处理和检查等内容的安排。对于某些表面加工精度要求较高的零件,可根据热处理要求的不同,在粗加工或半精加工后进行热处理,有利于改善零件材料的性能,并在精加工时消除由热处理产生的各种缺陷。工件常在各加工阶段前后和热处理前后进行检查,加工阶段的划分有利于检查工作的安排。

3.2　常见表面加工方案

3.2.1　外圆加工方案

外圆是轴类、盘类、套类等回转体零件的主要表面。该表面常与其他零件的内圆有配合关系,在技术要求方面比较高,其加工方案比较烦琐。

外圆常见的技术要求包括:

(1)尺寸精度。外圆有直径和长度尺寸精度。大多数情况下,外圆尺寸精度要求比较高,长度尺寸要求比较低(多数为自由公差)。

(2)形状精度。外圆与其他零件的内圆有配合关系时,常用圆度、圆柱度等形状精度来要求。

(3)位置精度。在同一零件上,外圆与其他表面的位置关系,常用同轴度、垂直度、跳动等位置精度来要求。

(4)表面质量。主要是指表面粗糙度(一般用 Ra 值)的要求,对某些重要零件表面层残余应力和显微组织的要求,对某些需要调质和淬火零件表面硬度的要求等。

外圆加工最常用的方法有车削、磨削、精整和光整加工等。在特殊的情况下或加工一些特殊的材料时,还要使用特种加工方法,如电火花和超声波加工等。

依据各种加工方法在不同加工阶段的加工精度、表面粗糙度的情况,外圆常见的加工方案大致可归纳为车削类,车磨类和特种加工类三类方案,如表 3 - 1 所示。

表 3 - 1　外圆加工方案

序号	方案分类	加工方案	精度等级 IT	表面粗糙度 $Ra/\mu m$	备注
1	车削类	粗车	12 ~ 11	25 ~ 12.5	适用于淬硬件以外的各种金属零件加工
2		粗车—半精车	10 ~ 9	6.3 ~ 3.2	
3		粗车—半精车—精车	8 ~ 7	1.6 ~ 0.8	
4		粗车—半精车—精车—精细车	6 ~ 5	0.8 ~ 0.2	主要用于加工要求较高的有色金属零件及淬硬件以外结构不适宜磨削的外圆
5		粗车—半精车—精车—研磨	5 ~ 3	0.1 ~ 0.008	用于高精度外圆的加工
6	车磨类	粗车—半精车—磨	8 ~ 7	0.8 ~ 0.4	用于加工除有色金属件以外的结构形状适宜磨削的各类零件上的外圆。尤其适用于要求淬火处理的外圆
7		粗车—半精车—粗磨—精磨	6 ~ 5	0.4 ~ 0.2	
8		粗车—半精车—粗磨—精磨—精密磨削	6 ~ 5	0.2 ~ 0.008	

表 3 - 1(续)

序号	方案分类	加工方案	精度等级 IT	表面粗糙度 $Ra/\mu m$	备注
9	车磨类	粗车—半精车—粗磨—精磨—研磨	5 ~ 3	0.1 ~ 0.008	用于高精度外圆的加工
10		粗车—半精车—粗磨—精磨—超精加工	6 ~ 5	0.1 ~ 0.01	
11		粗车—半精车—粗磨—精磨—砂带磨削	6 ~ 5	0.4 ~ 0.1	
12		粗车—半精车—粗磨—精磨—抛光	6 ~ 5	0.2 ~ 0.01	主要用于电镀前的预加工
13	特种加工类	旋转电火花	8 ~ 6	6.3 ~ 0.8	主要加工高硬度的导电材料
14		超声波套料	8 ~ 6	1.6 ~ 0.8	主要加工又硬又脆的非金属材料

3.2.2　内圆加工方案

内圆(孔)是组成机械零件的基本表面,尤其是盘套类零件和支架箱体类零件,孔是重要表面之一。与外圆相比,内圆(孔)有两大特点:一是种类多;二是加工难度大。内圆(孔)的种类按用途可分为轴和盘套类零件轴线位置的配合孔、支架箱体类零件的轴承支撑孔以及各类零件上的销钉孔、润滑油孔、螺纹孔等;按尺寸形状分,包括大孔、小孔、微孔、细长孔、盲孔、通孔、台阶孔等。内圆(孔)加工难度大,其原因有两方面,一方面是因为孔加工时属于半封闭切削,散热和排屑困难,另一方面是加工用的刀具受孔径限制,刚度差,切削时容易产生振动和变形。

内圆常用的技术要求中,尺寸精度、形状精度、位置精度和表面质量与外圆基本相同。内圆的位置精度要求与外圆表面有所不同,位置精度主要是孔与相关孔和孔与外圆的同轴度(或径向圆跳动)等要求。

内圆加工最常用的方法有钻削、车削、镗削、拉削、磨削、精整和光整加工等。有些特殊形状的内圆或用切削刀具难以加工的材料,还要使用特种加工方法,如电火花加工、超声波加工和激光加工等。

内圆表面较常见的加工方案,可归纳为钻扩铰类、车(镗)类、车(镗)磨类、拉削类、特种加工类等,如表 3 - 2 所示。

表 3 - 2　内圆表面加工方案

序号	方案分类	加工方案	精度等级 IT	表面粗糙度 $Ra/\mu m$	备注
1	钻扩铰类	钻	12 ~ 11	25 ~ 12.5	适用于加工中批生产的未淬硬钢和铸铁以及有色金属的孔,特别适合加工各种批量中的小孔和细长孔
2		钻—扩	10 ~ 9	6.3 ~ 3.2	
3		钻—扩—铰	8 ~ 7	1.6 ~ 0.8	

表 3 - 2(续)

序号	方案分类	加工方案	精度等级 IT	表面粗糙度 Ra/μm	备注
4	车(镗)类	粗车或粗镗	12 ~ 11	50 ~ 12.5	适用于淬硬件以外的各种金属零件孔径 > 8(常用孔径 > 15)的孔。若箱体零件孔则适合采用镗孔方法
5		钻(粗车或粗镗)—半精车或半精镗	10 ~ 9	6.3 ~ 3.2	
6		钻(粗车或粗镗)—半精车或半精镗—精车或精镗	8 ~ 7	1.6 ~ 0.8	
7		钻(粗车或粗镗)—半精车或半精镗—精车或精镗—精细镗	6 ~ 5	0.8 ~ 0.2	
8		钻(粗车或粗镗)—半精车或半精镗—精车或精镗—珩磨	6 ~ 4	0.4 ~ 0.05	
9		钻(粗车或粗镗)—半精车或半精镗—精车或精镗—研磨	5 ~ 4	0.1 ~ 0.008	
10	车(镗)磨类	钻(粗车或粗镗)—半精车或半精镗—磨	8 ~ 7	1.6 ~ 0.8	用于加工除有色金属件以外的结构形状适宜磨削的各类零件上的内圆。尤其适用于要求淬火处理的内圆
11		钻(粗车或粗镗)—半精车或半精镗—粗磨—精磨	7 ~ 6	0.4 ~ 0.2	
12		钻(粗车或粗镗)—半精车或半精镗—粗磨—精磨—精密磨削	6 ~ 5	0.2 ~ 0.025	
13		钻(粗车或粗镗)—半精车或半精镗—粗磨—精磨—研磨	5 ~ 4	0.1 ~ 0.008	
14		钻(粗车或粗镗)—半精车或半精镗—粗磨—精磨—超精加工	5	0.1 ~ 0.01	
15	拉削类	钻(粗车或粗镗)—拉	8 ~ 7	1.6 ~ 0.8	用于大批大量生产中除淬硬件以外的结构适宜拉削的孔
16		钻(粗车或粗镗)—粗拉—精拉	7 ~ 6	0.8 ~ 0.4	
17	特种加工类	电火花穿孔		3.2 ~ 0.4	主要加工高硬度的导电材料上的小孔、深孔、型孔
18		超声波穿孔		1.6 ~ 0.1	主要加工又硬又脆的非金属材料上的小孔、深孔、型孔
19		激光打孔		0.4 ~ 0.1	可加工各种材料,尤其是难加工材料上的小孔、微孔

3.2.3 平面加工方案

平面是零件上不可缺少的主要表面之一,几乎所有的零件上都有平面。平面的类型很多,如大平面、小平面、端面、环形面等。零件上常见的直槽、T 形槽、V 形槽、燕尾槽、平键槽等沟槽可以看作是平面的不同组合。

平面常见的技术要求包括：

（1）尺寸精度。平面本身不存在尺寸精度。所谓的尺寸精度是指被加工的平面与其他平面之间的位置尺寸精度。

（2）形状精度。指被加工平面本身的平面度、直线度误差。

（3）位置精度。指被加工平面与其他平面之间的平行度、垂直度等误差。

（4）表面质量。主要指表面粗糙度，某些需要调质、淬火等热处理后表面硬度等要求。

平面常用的切削加工方法有铣削、刨削、车削、磨削、刮削以及精整和光整加工等，特种加工方法有电火花线切割、电解磨削平面等。

平面较常见的加工方案可归纳为铣（刨）类、平板导轨类、铣（刨）磨类、车削类、拉削类、特种加工类等，如表3 - 3所示，由于平面本身没有尺寸精度，表中尺寸精度等级是指两平行平面之间距离尺寸的公差等级。

表3 - 3   平面常用的加工方案

序号	方案分类	加工方案	精度等级 IT	表面粗糙度 $Ra/\mu m$	备注
1	铣（刨）类	粗铣或粗刨	12 ~ 11	25 ~ 12.5	用于加工除淬硬件以外各种零件上中等精度的平面
2		粗铣或粗刨—半精铣或半精刨	10 ~ 9	6.3 ~ 3.2	
3		粗铣或粗刨—半精铣或半精刨—精铣或精刨	8 ~ 7	3.2 ~ 1.6	
4	平板导轨类	粗刨—半精刨—精刨—宽刀细刨		0.8 ~ 0.4	多用于加工平板、导轨平面等
5		粗铣或粗刨—半精铣或半精刨—精铣或精刨—刮削		1.6 ~ 0.4	
6	铣（刨）磨类	粗铣或粗刨—半精铣或半精刨—磨	8 ~ 7	1.6 ~ 0.4	用于加工除有色金属以外的各种零件上的平面
7		粗铣或粗刨—半精铣或半精刨—粗磨—精磨	7 ~ 6	0.4 ~ 0.2	
8		粗铣或粗刨—半精铣或半精刨—粗磨—精磨—精密磨削	6 ~ 5	0.2 ~ 0.008	
9		粗铣或粗刨—半精铣或半精刨—粗磨—精磨—研磨	5 ~ 4	0.1 ~ 0.008	
10		粗铣或粗刨—半精铣或半精刨—粗磨—精磨—超精加工	5	0.1 ~ 0.01	
11		粗铣或粗刨—半精铣或半精刨—粗磨—精磨—抛光		0.2 ~ 0.01	
12	车削类	粗车	12 ~ 11	25 ~ 12.5	多用于加工轴、盘、套等零件上的端平面和台阶平面。精细车主要用于加工高精度的有色金属平面
13		粗车—半精车	10 ~ 9	6.3 ~ 3.2	
14		粗车—半精车—精车	8 ~ 7	3.2 ~ 1.6	
15		粗车—半精车—精车—精细车	7 ~ 6	0.8 ~ 0.2	

表 3 - 3(续)

序号	方案分类	加工方案	精度等级 IT	表面粗糙度 Ra/μm	备注
16	拉削类	粗拉	11 ~ 10	6.3 ~ 3.2	用于大批大量生产中适宜拉削的各种零件上的平面
17		粗拉—精拉	9 ~ 6	1.6 ~ 0.4	
18	特种加工类	线切割平面		3.2 ~ 1.6	适宜加工高强度、高硬度等导电材料上的平面
19		电解磨削平面		0.8 ~ 0.1	

3.2.4　螺纹加工方案

螺纹是零件中最常见的表面之一,同其他类型的表面一样,也有一定的尺寸精度、形状精度、位置精度和表面质量要求,根据用途的不同,技术要求也各不相同。

1. 螺纹常用的加工方法

螺纹常用的加工方法有车螺纹、铣螺纹、攻螺纹、套螺纹、磨螺纹和滚螺纹等,特种加工中还有回转式电火花和共轭回转式电火花加工螺纹。

(1)车螺纹

车削螺纹是常用的螺纹加工方法,它所使用的刀具结构简单,适应性广,同一把车刀可车削不同直径的螺纹。使用普通车床、数控车床都能加工未淬硬的各种材料、不同截面形状和尺寸的内、外螺纹。加工精度可达 4 ~ 8 级,表面粗糙度 Ra 值可达 0.8 ~ 3.2 μm。多用于单件小批生产。

(2)铣螺纹

铣螺纹多用于大径和螺距较大的梯形螺纹和模数螺纹的加工,生产效率比车削螺纹高,在大批大量生产中用于未淬硬螺纹的精加工或半精加工。加工精度可达 6 ~ 8 级,表面粗糙度 Ra 值可达 3.2 ~ 6.3 μm。根据使用刀具不同铣螺纹有如下三种常用加工方法。

①盘形铣刀铣螺纹。可以在万能卧式铣床或专用螺纹铣床上进行,两者的铣削方法相同,如图 3 - 1 所示。铣削时铣刀轴线与工件轴线倾斜成螺纹升角 ψ。铣刀做快速旋转运动,同时工件与刀具做相对的螺旋进给运动。若铣多线螺纹,可利用分度头对工件分线,再依次铣出各条螺纹槽。这种方法加工精度较低,适用于加工尺寸较大的传动螺纹。

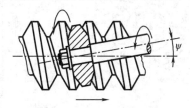

图 3 - 1　盘形铣刀铣螺纹

②旋风铣削螺纹。它是利用装在特殊旋转刀盘上的硬质合金刀头,高速铣削螺纹的一种加工方法。它常在改装后的普通车床、螺纹加工机床或专用机床上进行,如图 3 - 2 所示。

加工时,旋风刀盘做高速旋转(1 000~3 000 r/min),并沿工件轴线做轴向进给,工件做缓慢转动(3~30 r/min)。旋风刀盘轴线与工件轴线成螺纹升角 ψ,二者旋转中心有一个偏心距 e,每个刀头只在回转轨迹的 1/3~1/6 圆弧上与工件接触,刀齿的散热条件好。对于螺距 $P \leq 6$ mm 的螺纹,只需一次走刀便可完成加工。生产效率高,一般比盘状铣刀铣螺纹高 3~8 倍,常用于大批量生产螺杆或作为精密丝杠的粗加工。

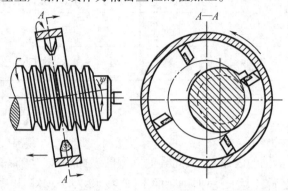

图 3-2　旋风铣削螺纹

③梳形螺纹铣刀铣螺纹。它是在螺纹铣床或三轴联动数控机床上进行的,主要用于加工长度短而螺距小的三角形内、外圆柱螺纹和圆锥螺纹,生产效率较高,如图 3-3 是常用梳形螺纹铣刀类型,图 3-3(a)是梳形锥柄螺纹铣刀,用于铣削内螺纹;图 3-3(b)是梳形套装螺纹铣刀,通常制成 4 种类型,用于铣削外螺纹。图 3-3(c)是梳形螺纹铣刀铣螺纹简图,加工时铣刀和工件轴线平行,且铣刀和工件沿螺纹全长接触。因此,切削加工时工件旋转一周,工件和铣刀相对轴向移动一个螺距,工件旋转 1.25~1.5 转即可切出全部螺纹。

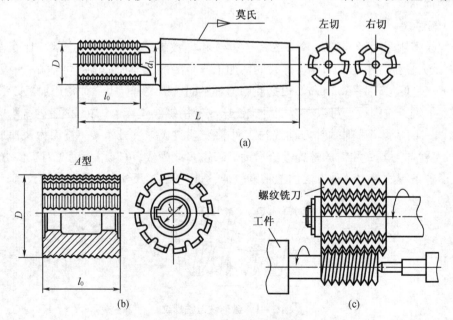

图 3-3　梳形螺纹铣刀铣螺纹

(a)梳形锥柄螺纹铣刀;(b)梳形套装螺纹铣刀;(c)梳形螺纹铣刀铣螺纹

（3）攻螺纹和套螺纹

攻螺纹和套螺纹也是应用广泛的一种螺纹加工方法。单件小批生产中,多用手工操作;成批大量生产中,可在车床、钻床、攻丝机和专用机床上加工。加工精度可达6～8级,表面粗糙度 Ra 值可达 $1.6\sim6.3~\mu m$。攻螺纹是用丝锥在孔壁上加工内螺纹。对于小尺寸的标准内螺纹,攻螺纹几乎是唯一有效的加工方法。套螺纹是用板牙加工外螺纹。

（4）磨螺纹

磨螺纹是用经修整廓形的砂轮在螺纹磨床上对螺纹进行精加工的方法。一般只用于表面要求淬硬的精密螺纹的精加工。磨螺纹加工精度可达3～4级,表面粗糙度 Ra 值可达 $0.2\sim0.8~\mu m$。对于螺距不大的精密螺纹,也可直接在工件毛坯上磨出螺纹。

（5）滚压螺纹

滚压螺纹是一种无切削加工方法。工件在滚压工具的压力作用下产生塑性变形,在其表面滚压出所需要的螺纹。常用的滚压螺纹方法有如下两种。

①搓丝板滚压螺纹。图3-4是搓丝板滚压螺纹,工件放在静搓丝板压入端,在动搓丝板的带动下,工件被送入两搓丝板之间而被搓滚,使工件外圆产生塑性变形而滚压出螺纹。滚压完的工件在静搓丝板的另一端掉下。搓丝板滚压螺纹加工精度可达5级,表面粗糙度 Ra 值可达 $0.8\sim1.6~\mu m$,主要用于滚压螺栓、螺钉等标准件螺纹。

②双滚丝轮滚压螺纹。图3-5为双滚丝轮滚压螺纹,工件放在两个滚丝轮中间的支承板上,两滚丝轮同向旋转,定滚轮不移动,动滚轮做径向进给运动。加工时工件由滚丝轮带动旋转,滚丝轮的螺纹压入工件表面,产生塑性变形而滚压出螺纹。双滚丝轮滚压螺纹是在专用的滚丝机上进行,加工精度可达4～6级,表面粗糙度 Ra 值可达 $0.2\sim0.8~\mu m$,主要用于大批大量生产中滚压长度不大的螺纹。

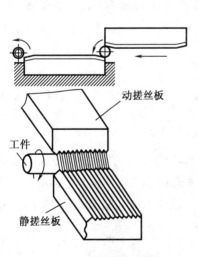

图3-4　搓丝板滚压螺纹

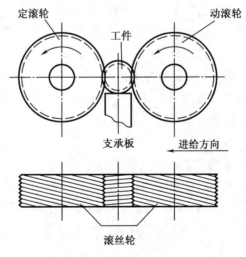

图3-5　双滚丝轮滚压螺纹

2. 常用螺纹加工方案

常用螺纹加工方案如表3-4所示。

表 3 – 4 常用螺纹加工方案

序号	方案分类	加工方法	精度等级	表面粗糙度 $Ra/\mu m$	备注
1	攻套类	攻螺纹	8 ~ 6 级	6.3 ~ 1.6	用于加工直径较小的内螺纹
2		套螺纹	8 ~ 6 级	6.3 ~ 1.6	用于加工直径较小的外螺纹
3	车铣类	车螺纹	9 ~ 4 级	3.2 ~ 0.8	用于加工与零件轴线同心的内外螺纹,多用于轴、盘套类零件
4		铣螺纹	9 ~ 6 级	6.3 ~ 3.2	多用于大直径的梯形螺纹和模数螺纹的加工
5	车(铣)磨类	车螺纹或铣螺纹—磨螺纹	4 ~ 3 级	0.8 ~ 0.2	用于加工高精度内外螺纹
6		车螺纹或铣螺纹—磨螺纹—研磨螺纹	3 级以上	0.1 ~ 0.05	
7	滚压类	滚螺纹	6 ~ 4 级	0.8 ~ 0.2	用于螺钉、螺栓等标准件上的外螺纹,滚螺纹可以加工传动丝杠
8		搓螺纹	7 ~ 5 级	1.6 ~ 0.8	
9	特种加工类	回转式电火花加工螺纹	9 ~ 5 级	1.6 ~ 0.1	用于加工硬脆难加工材料上的螺纹;10 可加工精密螺纹环规
10		共轭回转式电火花加工螺纹	4 ~ 3 级	小于 0.1	

3.2.5　齿形加工方案

齿轮是机械产品中应用较多的零件之一,是用来传递运动和动力的主要零件。它的主要部分——轮齿的齿面是一种特定形状的成形面,有摆线形面、渐开线形面等。最常见的是渐开线形面。

1.齿形常用的加工方法

齿形常用的加工方法有铣齿、滚齿、插齿、剃齿、珩齿、磨齿和研齿等,特种加工中有电解加工齿轮和电火花线切割齿轮。

(1)铣齿

铣齿的方法属于成形法,它是利用一定模数的盘状或指状成形铣刀,在通用铣床上对齿轮齿间进行铣削加工的方法。铣削时,工件通常紧固在心轴上,心轴则安装在分度头和尾架顶尖之间,铣刀做旋转主运动,工件随工作台沿其轴向做纵向进给运动,当加工完一个齿间后,工件退回,按齿数进行分度,再铣下一个齿间,如图 3 – 6 所示。

(2)插齿

插齿的方法属于包络法,是在插齿机上进行的,是齿形加工的主要方法。插齿是利用轴线相互平行的两齿轮啮合的原理来加工齿面的,如图 3 – 7(a)所示。插齿刀就是一个在轮齿上磨出前角和后角而具有切削刃的齿轮,它的模数和压力角分别与被加工齿轮的模数和压力角相等。

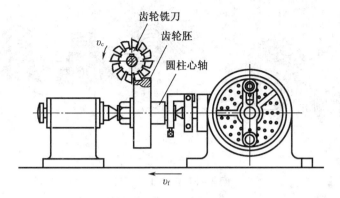

图 3 - 6　铣直齿圆柱齿轮

插齿时,插齿刀沿工件轴向做往复直线运动,以便进行切削;与此同时,插齿刀与工件做无间隙的啮合运动,从而在工件上加工出全部齿廓。在加工过程中,插齿刀每往复一次,仅切出工件齿槽的一小部分。在插齿刀切削刃多次相继切削中,由切削刃各瞬时位置的包络线就形成了齿槽曲线,如图 3 - 7(b)所示。

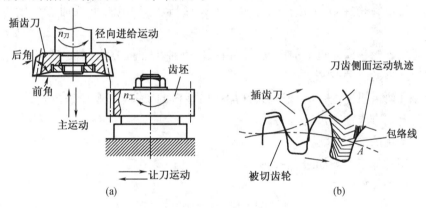

图 3 - 7　插齿原理

(a)插齿运动;(b)渐开线的形成

(3)滚齿

滚齿的方法属于包络法,是在滚齿机上进行的,是齿形加工的主要方法。滚齿是应用一对交错轴螺旋圆柱齿轮的啮合原理进行齿形加工的。所用的刀具称为滚刀,当它与工件做强迫啮合运动时,即切去工件上的多余材料,工件上将留下滚刀切削刃的包络面,形成一个新的齿轮,如图 3 - 8 所示。

滚刀的轮廓形状与蜗杆相似。它的齿数很少(一个或几个),螺旋角很大(接近 90°)。为了形成切削刃和容纳切屑,在其轴向加工出若干容屑槽,把齿分为许多小段,并在每个小段上加工出前角和后角,从而形成切削刃,该切削刃近似于齿条的齿形。很显然,齿条与同模数的任何齿数的渐开线齿轮都能正确地啮合,因此,用滚刀滚切同一模数任何齿数的齿轮时,都能获得要求的齿形。

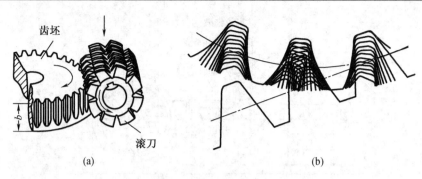

图 3 - 8　滚齿工作原理

(a)滚齿运动;(b)渐开线的形成

(4)齿形精加工

剃齿、珩齿、磨齿和研齿属于齿形精加工方法。

剃齿是对未淬火圆柱齿轮的精加工方法。剃齿是用剃齿刀在剃齿机上进行的,是目前广泛采用的齿轮精加工手段。

珩齿是用珩磨轮在珩齿机上进行的一种齿形精加工方法,可以加工淬硬齿形,应用广泛。

磨齿是用砂轮在磨齿机上加工高精度齿形的一种精加工方法,它是现有齿轮加工方法中加工精度最高的一种方法。

研齿是在研齿机上进行的,把研磨剂加在研磨机的研具(三个铸铁齿轮)上,通过研具与工件的相互啮合来加工齿轮。

2.齿形常用的加工方案

齿形常用的加工方案如表 3 - 5 所示。

表 3 - 5　齿形常用的加工方案

序号	方案分类	加工方法	精度等级	表面粗糙度 $Ra/\mu m$	备注
1	铣齿类	铣齿	9 级以下	6.3 ~ 1.6	用于加工少量和维修中较低精度的直齿轮、螺旋齿轮等
2	插(滚)类	插齿或滚齿	8 ~ 7 级	3.2 ~ 1.6	用于加工不淬硬齿轮。其中插齿可加工直齿、内齿、多联齿轮等;滚齿可加工直齿、螺旋齿、蜗轮和齿轮轴等
3	插(滚)磨类	插齿—珩齿	8 ~ 7 级	0.8 ~ 0.2	用于加工淬硬的和不淬硬的各种齿轮。用于齿面淬火后去除氧化皮和降低齿面粗糙度,一般不提高齿轮精度
4		插齿—研齿	8 ~ 7 级	1.6 ~ 0.2	
5		插(滚)齿—磨齿	6 ~ 3 级	0.8 ~ 0.2	用于加工淬硬的和不淬硬的各种齿轮。主要是提高齿轮加工精度

表 3 –5（续）

序号	方案分类	加工方法	精度等级	表面粗糙度 $Ra/\mu m$	备注
6	滚剃珩类	滚齿—剃齿	7 ~ 6 级	1.6 ~ 0.4	用于加工不淬硬齿轮
7		滚齿—剃齿—珩齿	7 ~ 6 级	0.8 ~ 0.2	用于加工淬硬齿轮
8	特种加工类	电解加工齿轮	8 ~ 7 级	1.6 ~ 0.8	用于加工内齿轮
9		线切割齿轮	8 ~ 7 级	1.6 ~ 0.1	主要用于难加工导电材料的齿轮

3.3　表面加工方案选择依据

通过前面的学习我们了解到，每一种表面的加工方案都有许多种，那么在具体零件上的表面用哪一种方案来加工是合理的呢？通常情况下，要根据零件的具体结构尺寸、材料性能、热处理状况，还有被加工表面的加工精度、表面粗糙度以及生产条件等因素来确定。下面对这些影响因素进行较为详细的分析。

3.3.1　根据表面的尺寸精度和表面粗糙度值选择

零件上表面尺寸精度和表面粗糙度 Ra 值的要求是决定该表面加工方案的主要依据。同样一种表面由于尺寸精度和粗糙度 Ra 值的要求不同，其加工方案也不同。表面的尺寸精度要求较低、表面粗糙度 Ra 值较大，这时表面需要的加工阶段就少，加工方案就简单。表面的尺寸精度要求很高、表面粗糙度 Ra 值很小，那么该表面需要的加工阶段就多，加工方案就复杂烦琐。

例 3 – 1　在图 3 – 9 中，两种零件皆为接盘，且零件的形状、公称尺寸、材料（45 钢）及加工数量（单件小批）等均相同，需要加工的部位都是 $\phi40$ 内孔，分析其加工方案。

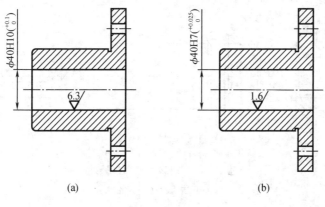

图 3 – 9　接盘

（a）接盘 1；（b）接盘 2

由于图 3 - 9(a)接盘零件的内孔加工精度等级是 IT10,表面粗糙度 Ra 值是 6.3 μm;图 3 - 9(b)接盘零件的内孔加工精度等级是 IT7,表面粗糙度 Ra 值是 1.6 μm,致使二者加工方案有所不同。

根据表 3 - 2 可得到二者加工方案如下:

图 3 - 9(a)接盘内孔的加工方案可选择为:钻(粗车)—半精车。

图 3 - 9(b)接盘内孔的加工方案可选择为:钻(粗车)—半精车—精车;钻(粗车)—半精车—磨。

例 3 - 2　图 3 - 10 是一根轴,其材料为 45 钢、加工数量属于单件小批,在轴上标注有两个外圆表面,一个是 ϕ35h7,另一个是 ϕ30h7,分析其加工方案。

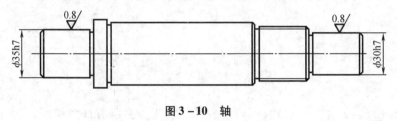

图 3 - 10　轴

这两个外圆的加工精度和表面粗糙度 Ra 值都一样,并且结构相同,因此其加工方案也一样。根据表 3 - 1 可得到两个外圆的加工方案可选择为:粗车—半精车—精车;粗车—半精车—磨。

3.3.2　根据表面所在零件的结构形状和尺寸大小选择

零件的结构形状和尺寸大小对表面加工方案的选择有很大的影响。因为即便同样一种表面,由于这个表面所在的零件结构形状、尺寸大小和所处的位置不同,选择的加工机床、夹具和刀具是不同的,因此导致最终的加工方案也不可能一样。

例 3 - 3　在图 3 - 11 中,图 3 - 11(a)齿轮 1 与图 3 - 11(b)中的齿轮有相同的模数、齿数、压力角,加工精度等级均为 8 级,其他的技术要求也相同,如果零件的材料(45 钢)和加工数量(单件小批)相同,分析其加工方案。

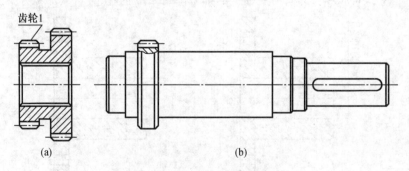

图 3 - 11　双联齿轮和齿轮轴

(a)双联齿轮;(b)齿轮轴

根据表 3 - 5 可知,加工 8 级精度的齿轮可采取滚齿或插齿加工。但由于零件的结构形状不同,致使二者齿形的加工方案完全不同。

图 3-11(a)齿轮为双联齿轮,且被加工的齿轮为小齿轮,由于小齿轮与大齿轮之间的距离比较近,采用滚齿加工时,滚刀能够碰到大齿轮,进而破坏大齿轮的加工。因此,双联齿轮中的小齿轮只能用插齿的方法加工。图 3-11(b)齿轮是齿轮和轴为一体的零件,零件的长度比较长,采用插齿的方法进行加工比较困难或根本不可能,因此最好采用滚齿的方法加工。

例 3-4　在图 3-12 中,图 3-12(a)为轴承套,图 3-12(b)为止口套,其上均有 $\phi 80$ 的外圆,且加工精度和表面粗糙度都相同,如果加工零件的材料(45 钢)和数量(单件小批)以及其他技术要求相同,分析其加工方案。

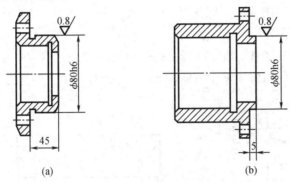

图 3-12　轴承套和为止口套

(a)轴承套;(b)止口套

根据表 3-1 可知,这两个外圆的加工方案均可选择为:粗车—半精车—精车—精细车、粗车—半精车—粗磨—精磨。

从图中可以看出图 3-12(a)的 $\phi 80$ 外圆较长,图 3-12(b)的 $\phi 80$ 外圆较短,正是因为这两个外圆的长度不相同,导致了两个外圆加工方案的差异。

图 3-12(a)由于被加工的外圆较长,可以采用上述两种加工方案进行加工。图 3-12(b)由于被加工的外圆较短,只能采用粗车—半精车—精车—精细车的加工方案,因为工件的磨削要使用砂轮,而砂轮有一定大小的圆角,此圆角很难控制,且不稳定,在磨削时无法保证外圆表面根部的精度和粗糙度。因此,图 3-12(b) $\phi 80$ 的外圆精加工不能采用磨削加工。

例 3-5　在图 3-13 中,图 3-13(a)为套筒,其上需要加工一个 $\phi 15H7$ 的孔,图 3-13(b)为衬套,其上需要加工一个 $\phi 45H7$ 的孔,两个加工零件的材料(40Cr)和加工数量(单件小批)以及其他技术要求一样,分析其加工方案。

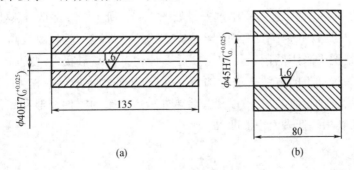

图 3-13　套筒和衬套

(a)套筒;(b)衬套

从图 3-13 中可以看到这两个孔的加工精度都为 IT7、表面粗糙度 Ra 值都为 1.6 μm，根据表 3-2 可知，加工这两个内孔的加工方案均可选择为：钻（粗车）—半精车—精车、钻（粗车）—半精车—磨。

从图中可以看出图 3-13(a) 的内孔比较小且比较长，图 3-13(b) 的内孔比较短且较粗，正是因为这两个内孔的大小和长度的原因，导致了两个内孔加工方案的不同。

图 3-13(a) 由于被加工的内孔较小且较长，使用车刀或砂轮加工，刀杆要变得较细且较长，这样会使刀杆的刚性不足，在加工过程中容易产生振动，不能保证加工质量。只能采用"钻—扩—铰"的加工方案进行加工，图 3-13(b) 由于被加工的内孔较大且较短，上面列出的加工方案均可以采用。

例 3-6　在图 3-14 中，图 3-14(a) 为带槽滑块，图 3-14(b) 为带窄缝试件，二者材料均为 45 钢，加工数量均属于单件小批。试分析这两种零件上的直槽和窄缝的加工方案。

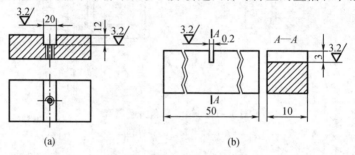

图 3-14　带槽滑块和带窄缝试件
(a)带槽滑块；(b)带窄缝试件

根据表 3-3 可知，加工这两个槽的加工方案可选择为：粗铣或粗刨—半精铣或半精刨；线切割。

从图中可以看出图 3-14(a) 的槽的尺寸比较宽，图 3-14(b) 的槽则特别窄，这一宽一窄使得其加工方案有所差异。

图 3-14(a) 的槽适合采用的加工方案为：粗铣或粗刨—半精铣或半精刨；而图 3-14(b) 的槽用切削刀具加工，刀具很难制作或无法制作，只能用线切割的方法加工。

3.3.3　根据零件热处理状况选择

一般常见的热处理在工艺过程中的安排如图 3-15 所示。零件是否热处理及热处理的方法，对表面加工方案的选择有一定的影响。尤其是钢件淬火后硬度较高，采用刀具切削较为困难，一般情况下采用磨削进行加工。对于一些有特殊形状，且要进行淬火处理的零件，有时要采用特种加工的方法来进行加工。另外，热处理一般不能作为工艺过程的最终工序，而应在其后安排相应的加工，以便去除热处理后带来的零件变形和氧化皮等，提高加工表面的加工精度和降低表面粗糙度 Ra 值。

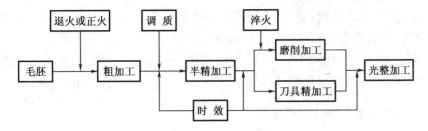

图 3 - 15　热处理的安排

例 3 - 7　在图 3 - 16 中,图 3 - 16(a)为衬套,不需要热处理,图 3 - 16(b)为钻套,需要淬火处理。二者材料(45 钢)相同,加工数量(单件小批)相同,试分析两个零件内孔的加工方案。

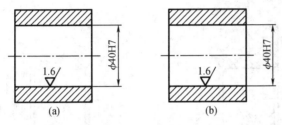

图 3 - 16　衬套和钻套

(a)衬套;(b)钻套

从图中可以看出,这两个零件的结构尺寸及内孔的尺寸精度和表面粗糙度要求是一样的。在不考虑热处理的情况下,根据表 3 - 2 可知,内孔的加工方案可选择为:钻(粗车)—半精车—精车;钻(粗车)—半精车—磨。

由于图 3 - 16(a)零件不需要热处理,其内孔的加工方案可选择上面所列的任意方案进行加工,而图 3 - 16(b)零件需要淬火处理,其内孔的加工方案只能采用"钻(粗车)—半精车—磨"的方案,具体方案为:钻(粗车)—半精车—淬火—磨。

例 3 - 8　在图 3 - 17 中,图 3 - 17(a)(b)均为齿轮零件,二者模数、齿数、压力角以及加工精度(均为 7 级)相同,加工用的材料(40Cr)相同,加工数量(单件小批)相同,不同的是图 3 - 17(a)中的齿面不需要热处理,图 3 - 17(b)中的齿面需要淬火处理。试分析这两个零件齿形的加工方案。

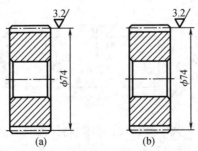

图 3 - 17　两种齿轮零件

(a)不需要热处理的齿轮;(b)需要淬火处理的齿轮

由于这两个零件的结构尺寸及齿形加工精度和表面粗糙度要求是一样的。在不考虑热处理的情况下,根据表 3－5 可知,齿形的加工方案可选择为:插齿,滚齿。

由于图 3－17(a)中的齿面不需要热处理,其齿形的加工方案可选择插齿或滚齿,而图 3－17(b)中的齿面需要淬火处理,因此其加工方案为:插齿—淬火—珩齿或研齿。

3.3.4 根据零件材料的性能选择

零件材料的性能,尤其是材料的韧性、脆性、导电等性能,对切削加工,特别是对特种加工方法的选用有很大的影响。

例 3－9 在图 3－18 中,同为法兰盘零件上的 ϕ30 内孔,其加工精度和表面粗糙度相同,零件的加工数量均属于单件小批,图 3－18(a)零件的材料为 45 钢,图 3－18(b)零件的材料为 H62,试分析二者的加工方案。

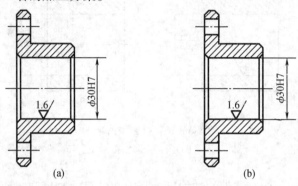

图 3－18 两种不同材料的法兰盘
(a)材料为钢的法兰盘;(b)材料为黄铜的法兰盘

由于图 3－18(a)零件的材料为钢,根据表 3－2,其加工方案可选择为:钻(粗车)—半精车—精车;钻(粗车)—半精车—磨。而图 3－18(b)零件的材料为有色金属,其塑性较大,磨削时其屑末易堵塞砂轮,不易磨削,常采用刀具代替砂轮精加工,因此其加工方案为:钻(粗车)—半精车—精车。

例 3－10 如图 3－19 所示,现要加工三种零件上的小孔 ϕ0.15 mm,三种零件的材料性能截然不同,其中图 3－19(a)为 T10A 淬火材料;图 3－19(b)为玻璃材料;图 3－19(c)为尼龙材料。试分析它们的加工方案。

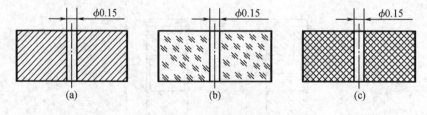

图 3－19 三种不同材料的零件
(a)材料为碳素工具钢的零件;(b)材料为玻璃的零件;(c)材料为尼龙的零件

三种零件上要加工的孔是直径非常小的微孔,用刀具来加工是不可能的,只能用特种加工的方法来加工。根据表 3－2 可知,图 3－19(a)零件的材料可以导电,选用电火花穿孔加工;图 3 - 19(b)零件的材料不导电,但它又硬又脆,可选用超声波穿孔加工;图 3 - 19(c)零件的材料不导电,且具有一定的韧性,只能选择激光打孔加工。

3.3.5　根据零件的批量选择

零件的批量是指根据零件年产量将零件分批投产,每批投产零件的数量。按照零件的大小、复杂程度和生产周期等因素,可分为单件生产、成批生产(小批、中批、大批)和大量生产三种,具体判断生产类型时可参考表 3 - 6。

表 3 - 6　生产类型的划分

生产类型		零件的年产量/件		
		轻型零件(≤100 kg)	中型零件(100 ~ 200 kg)	重型零件(≥200 kg)
单件生产		100 以下	10 以下	5 以下
成批生产	小批生产	100 ~ 500	20 ~ 200	5 ~ 100
	中批生产	500 ~ 5 000	200 ~ 500	100 ~ 300
	大批生产	5 000 ~ 50 000	500 ~ 5 000	300 ~ 1 000
大量生产		50 000 以上	5 000 以上	1 000 以上

在实际生产中常把单件生产和小批生产归为一类,把大批生产与大量生产归为一类,把成批生产中的中批生产归为一类。

加工同一种表面,常因零件批量的不同,而选择不同的加工方案。这是因为在加工工件时,一方面要保证工件的加工质量,另一方面还要考虑工件的加工成本和生产效率。在单件小批量生产中,一般采用普通的设备和简单的刀具以及通用的夹具等来加工工件,而在大批大量生产中,应尽量采用高效率的设备(专用机床或自动生产线)和刀具以及专用夹具等来加工工件。

例 3 - 11　在图 3 - 20 中,有三种生产批量不同的齿轮内孔需要加工,(a)(b)(c)生产数量分别为 10 件、1 000 件、100 000 件,这三种齿轮的材料均为 45 钢,其上的内孔加工精度和表面粗糙度要求是一样的,分析其加工方案。

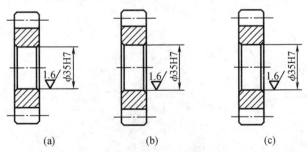

图 3 - 20　三种不同批量的齿轮

(a)生产数量为 10 件的齿轮;(b)生产数量为 1 000 件的齿轮;

(c)生产数量为 100 000 件的齿轮

由于图 3-20(a)生产数量为 10 件,属于单件小批量生产,根据表 3-2 可知,其加工方案可选择:钻(粗车)—半精车—精车;钻(粗车)—半精车—磨。图 3-20(b)生产数量为 1 000 件,属于成批生产,其加工方案可选择:钻(粗车)—扩—铰。图 3-20(c)生产数量为 100 000 件,属于大批大量生产,其加工方案可选择:钻(粗车)—粗拉。

以上介绍的仅为选择表面加工方案的主要依据。在实际生产应用中,这些依据常常不是孤立的,而是相互重叠、交叉和有主次的。因此,在具体选用时,应根据具体条件全面考虑,灵活运用,决不能一叶障目,顾此失彼。只有这样,才能选择出即能保证表面加工质量,又能提高生产效率、降低生产成本的加工方案。

思考题及习题

1. 试确定下列零件外圆表面的加工方案:

(1)纯铜销轴外圆的加工,ϕ50h7,Ra 0.8 μm;

(2)45 钢销轴外圆的加工,ϕ50h7,Ra 0.8 μm;

(3)45 钢销轴外圆的加工,ϕ50h6,Ra 0.4 μm,调质处理;

(4)45 钢销轴外圆的加工,ϕ50h6,Ra 0.4 μm,表面淬火处理。

2. 下列零件上的孔,用何种方案加工比较合理:

(1)成批生产中,齿轮上的中心孔,ϕ50H7,Ra 1.6 μm,材料 40Cr,调质处理;

(2)大批大量生产中,齿轮上的中心孔,ϕ50H7,Ra 1.6 μm,材料 40Cr,调质处理;

(3)单件小批生产中,变速箱箱体上的轴承孔,ϕ62J7,Ra 1.6 μm,材料为铸铁。

3. 试确定下列零件上平面的加工方案:

(1)单件小批生产中,机座(铸铁)的底平面,$L \times B = 500$ mm $\times 300$ mm,Ra 3.2 μm;

(2)成批生产中,铣床工作台(铸铁)台面,$L \times B = 1$ 250 mm $\times 300$ mm,Ra 1.6 μm;

(3)大批大量生产中,发动机连杆(45 钢调质,217~255 HBS)侧面,$L \times B = 25$ mm $\times$ 10 mm,Ra 3.2 μm。

4. 常见的螺纹加工方法有哪些?

5. 常见的齿轮加工方法有哪些?

第4章 零件的结构工艺性

4.1 零件结构工艺性概念

在进行零件结构的设计时,为了获得较好的技术经济效果,既要保证其使用要求,又要便于制造毛坯、切削加工、测量、装配和维修。

零件结构工艺性就是指所设计的零件在满足使用要求的前提下,制造的可行性和经济性。它是评价零件结构优劣的技术经济指标之一。设计人员必须具备一定的工艺知识(包括新工艺和新技术)和了解具体的生产条件,才能设计出结构工艺性好的零部件。

4.2 零件结构的切削加工工艺性

在零件的整个制造过程中,切削加工费用占整个产品成本的 50% ~60% ,因此零件结构的切削加工工艺性非常重要。本节通过常见实例,分析切削加工对零件结构的要求。

4.2.1 缩短辅助时间实例

调整工件位置和更换刀具的次数越多,其所占用的辅助时间的比例就越大,影响效率的提高。尽量设置水平面和垂直方向的孔,避免设计水平面与斜面或垂直孔与斜孔的混合结构。对于某些结构不便于装夹或无法装夹的零件,需要采取一定的工艺措施,例如在零件上设置工艺凸台、工艺平面、工艺孔或工艺螺孔等,以达到便于装夹的目的。下面通过举例的形式来说明。

1. 便于装夹

例 4-1 如图 4-1 所示,用于画线的大平台上表面要求刨削加工。改进前装夹困难,无法用压板夹紧工件,需逐边依次装夹加工;改进后增加夹紧孔,使零件便于装夹。

例 4-2 如图 4-2 所示,要加工数控铣床床身上的导轨面 A,改进前装夹困难;改进后增加工艺凸台 C,先加工 B,C 两面并保证其等高,然后再以 B,C 两平面定位,加工导轨面 A,精加工后,再把凸台 C 切除掉,这样可使得零件定位夹紧方便。

2. 减少装夹次数

例 4-3 如图 4-3 所示,要加工轴承盖上的光孔和螺纹孔,改进前螺纹孔设计成倾斜的,需装夹两次,或者转动一次刀轴,改进后螺纹孔与光孔均垂直于端平面,只需一次装夹。

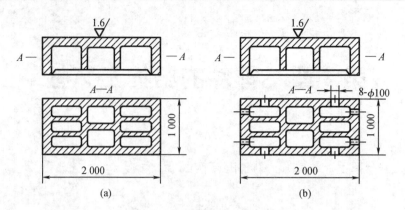

图 4 - 1　画线平台的结构改进

(a)改进前;(b)改进后

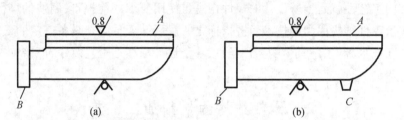

图 4 - 2　数控铣床床身的结构

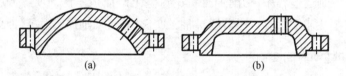

图 4 - 3　端盖上的多孔结构

(a)改进前;(b)改进后

例 4 - 4　如图 4 - 4 所示,铣削轴上的两键槽,原设计在轴用虎钳上需装夹两次;改进后只需装夹一次。

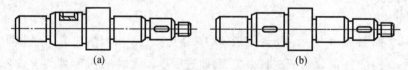

图 4 - 4　轴上键槽的方位改进结构

(a)改进前;(b)改进后

例 4 - 5　如图 4 - 5 所示,套筒内孔加工。原设计要从两端加工,需装配二次;改进后省去一次安装,并有利于保证同轴度。

3.尽量减少刀具种类和换刀次数

例 4 - 6　如图 4 - 6 所示,箱体上螺纹孔的种类应该尽量减少,从而减少加工用的钻头和丝锥的种类。

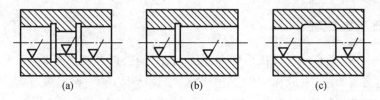

图 4 - 5 套筒内孔结构改进

(a)改进前;(b)改进方法 1;(c)改进方法 2

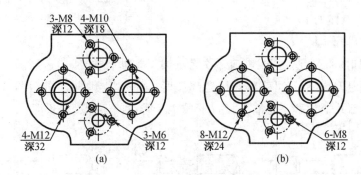

图 4 - 6 多种螺孔的加工

(a)改进前;(b)改进后

例 4 - 7 如图 4 - 7 所示,需车削阶梯轴上的过渡圆角,改进前需要两把车刀,增加了换刀和调整刀具的次数,改进后统一圆弧半径,减少了刀具种类,也节省了换刀和调整刀具的时间。

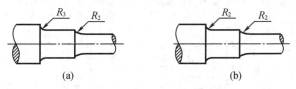

图 4 - 7 轴上圆角的加工

(a)改进前;(b)改进后

例 4 - 8 如图 4 - 8 所示,改进后轴上的沟槽和键槽宽度分别相同,减少了刀具种类和换刀次数。

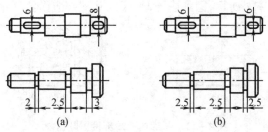

图 4 - 8 轴上的沟槽和键槽加工

(a)改进前;(b)改进后

4.2.2 便于加工实例

不便加工的零件,多半表现在需要专用刀、夹、量具,以及耗费工时多、易于损坏刀具等。在零件适当的部位,采取相应的工艺措施,如设计退刀槽、越程槽、设置平台、锪平面等,以解决进刀和退刀时可能存在的问题;在加工外圆、内孔、锥体、螺纹等方面都要用到退刀槽;铣刨或磨削平面,在其两个面相交处应留有越程槽;零件上孔的进出端避免设置在斜面,弧面或两个面的过渡处,以改善刀具工作条件;将内表面加工移到外表面上来加工,以减少加工难度。具体如下:

1. 便于进刀和退刀

例 4 – 9 如图 4 – 9 所示,改进前螺纹无法加工到轴肩根部,改进后图(b)设置螺纹退刀槽,车螺纹时退刀方便,且可获得螺纹全部长度上的完整牙型,改进后图(c)可以用板牙加工,但螺纹尾部几个牙型不完整,因此 l 必须大于螺纹的实际旋合长度。

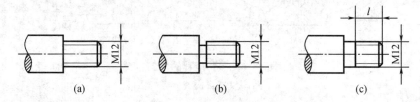

图 4 – 9 螺纹退刀槽

(a)改进前;(b)改进方法 1;(c)改进方法 2

例 4 – 10 如图 4 – 10 所示,磨削外圆面和锥面,表面的分界处必须设置砂轮越程槽。

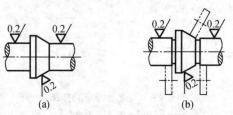

图 4 – 10 外圆面和锥面分界处设置越程槽

(a)改进前;(b)改进后

例 4 – 11 如图 4 – 11 所示,磨削内孔,平底内孔端部应设置砂轮越程槽。

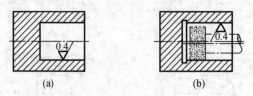

图 4 – 11 平底内孔端部设置越程槽

(a)改进前;(b)改进后

例 4 – 12 如图 4 – 12 所示,刨削时,刨刀要超越加工表面一段距离,因此,刨削两个垂直平面或两个相交平面时,根部应设置足够宽度的越程槽。

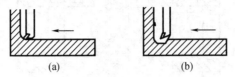

图 4 – 12　刨削时的越程槽

(a)改进前;(b)改进后

例 4 – 13　如图 4 – 13 所示,插削套筒零件上不通的内键槽时,前端设计一让刀孔或环型越程槽,以便插削时插刀越程。

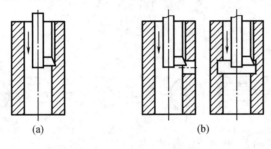

图 4 – 13　插削时的越程槽

(a)改进前;(b)改进后

2. 避免给加工带来困难

例 4 – 14　如图 4 – 14 所示,要加工箱体上端凸台表面,加工表面与不加工表面应有明显界限。

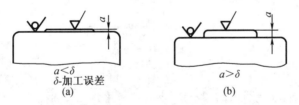

图 4 – 14　加工表面与不加工表面间距离

(a)改进前;(b)改进后

例 4 – 15　如图 4 – 15 所示,原设计沟槽表面与其他加工表面重合,增加了加工难度,改进后便于加工。

例 4 – 16　如图 4 – 16 所示,要在偏离轴线位置进行孔的加工。原设计的细长孔加工困难,改进后便于加工。

例 4 – 17　如图 4 – 17 所示,原设计平底孔加工困难,应尽量避免,改进后用钻削加工很方便。

例 4 – 18　如图 4 – 18 所示,要在螺纹孔顶部铣槽。将铣口处改为内圆柱面,减少了螺纹去除毛刺的难度或断续螺纹加工。

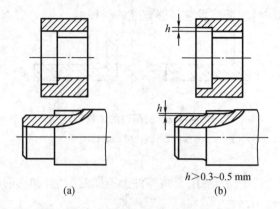

图4-15 沟槽表面与其他加工表面重合

(a)改进前;(b)改进后

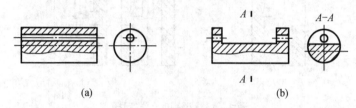

图4-16 细长孔加工困难

(a)改进前;(b)改进后

图4-17 平底孔加工困难

(a)改进前;(b)改进后

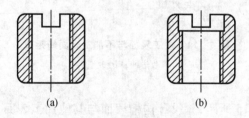

图4-18 铣口处螺纹结构的改进

(a)改进前;(b)改进后

3.改善刀具工作条件

例4-19 如图4-19所示,原设计钻削孔的出入端为斜面,刀具单面切削,加工困难;改进后钻头钻入和钻出的表面与轴线垂直。

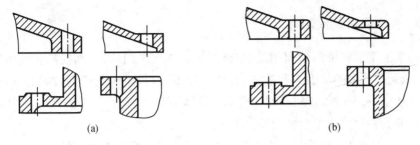

图 4 – 19 孔进出表面的结构

（a）改进前；（b）改进后

例 4 – 20 如图 4 – 20 所示，改进后小孔在大孔精加工后再加工，精车（或镗）孔时表面连续，避免切削振动和冲击。

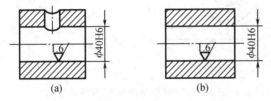

图 4 – 20 车削孔表面应避免的结构

（a）改进前；（b）改进后

例 4 – 21 如图 4 – 21 所示，尽量避免接近轴线的成形表面，以及成形面和其他表面的相贯线连接形式，改进后可改善刀具工作条件，减少刀具磨损。

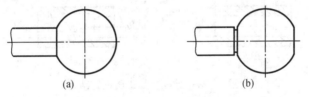

图 4 – 21 成形表面的结构

（a）改进前；（b）改进后

例 4 – 22 如图 4 – 22 所示，改进前孔位紧靠侧壁，钻头向下引进时，钻床主轴碰到侧壁；改进后加大孔与壁距离，保证被加工孔与箱体侧壁留有适当距离，提高钻头刚度并可用普通钻头。

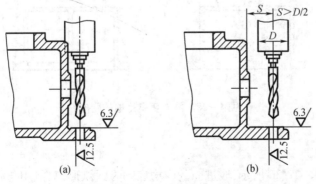

图 4 – 22 孔与箱体侧壁距离尺寸的结构

（a）改进前；（b）改进后

4.2.3　提高切削效率实例

减少切削加工量和提高切削用量,都能缩短基本工艺时间,从而提高切削效率。零件加工时,要承受相当大的切削力和夹紧力,如刚度不好,加工时会产生较大的变形,有时不得不降低切削用量,影响加工质量和生产率。具体如下:

1. 减少加工表面数和缩小加工表面积

例 4 – 23　如图 4 – 23 所示,支撑座零件的底面需要切削加工,相比之下,改进后的结构即可减少加工面积,从而减少加工工时,又更容易保证装配时零件之间的配合。

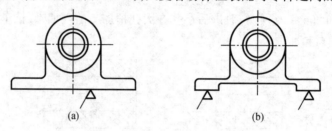

图 4 – 23　减小平面加工面积的结构

(a)改进前;(b)改进后

例 4 – 24　如图 4 – 24 所示,长径比较大的孔,不应在整个长度上都精加工。改进后的结构更有利于减少精加工面积,保证孔的加工精度。

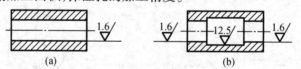

图 4 – 24　减少精加工面积的结构

(a)改进前;(b)改进后

2. 零件结构要有足够刚度

例 4 – 25　如图 4 – 25 所示,要加工薄壁箱体的上平面,改进前刚度差,刨削上平面易造成工件变形;改进后增加筋板,提高了刚度,可采用大的切削用量。

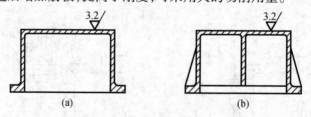

图 4 – 25　零件要有足够的刚度

(a)改进前;(b)改进后

3. 便于多件加工

例 4 – 26　如图 4 – 26 所示,改进前的沟槽底部为圆弧形,只能用与圆弧直径相等的铣刀对单个零件进行加工。改进后,沟槽底部为平面,可以选用任意直径的铣刀对多个零件进行顺序加工。

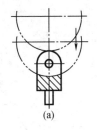
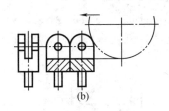

图 4 – 26 铣削多个零件上的槽结构
(a)改进前;(b)改进后

4.减少走刀次数和行程

例 4 – 27 如图 4 – 27 所示,零件上同一个方向的加工表面的高度尺寸如果相差不大,尽量设计成相同高度尺寸,以减少走刀次数。

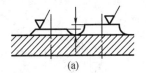
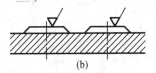

图 4 – 27 加工平面的等高性
(a)改进前;(b)改进后

4.2.4 标注尺寸方便加工测量实例

尺寸标注不仅应符合有关国家标准的规定,而且应该满足设计和制造两方面的要求。

零件尺寸有主要尺寸和自由尺寸之分。主要尺寸用以确定零件在部件或机器中的精确位置,保证零件装配后的工作精度,获得必要的互换性。自由尺寸确定零件上不接触表面的空间位置,其作用是保证零件的力学性能,满足零件结构、质量和装饰等方面的需要,方便制造、装配、使用和维修。具体如下:

1.按加工顺序标注尺寸

按加工顺序标注,易于保证加工尺寸要求。

例 4 – 28 如图 4 – 28 所示,改进后标注尺寸与加工顺序一致,易于加工和测量。

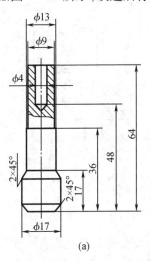
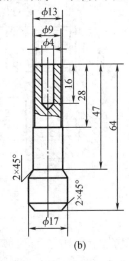

图 4 – 28 按加工顺序标注
(a)改进前;(b)改进后

2. 由实际存在的基面标注尺寸

由实际存在的基面标注尺寸,简化工艺装备、易于加工和测量。

例 4 - 29　如图 4 - 29 所示,改进后由实际存在的基面标注尺寸,可简化工艺装备,易于加工和测量。

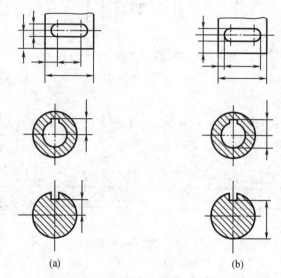

图 4 - 29　轴和套上键槽的尺寸标注

(a)改进前;(b)改进后

4.2.5　采用标准化参数实例

零件的孔径、锥度、螺纹孔径和螺距、齿轮模数和压力角、圆弧半径、沟槽等参数尽量选用有关标准推荐的数值,这样可使用标准的刀、夹、量具,减少专用工装的设计、制造周期和费用。

例 4 - 30　如图 4 - 30 所示,改进前螺纹大径不是标准数值,改进后为标准数值,方便使用标准丝锥和板牙加工,也能利用标准的螺纹量规进行测量。

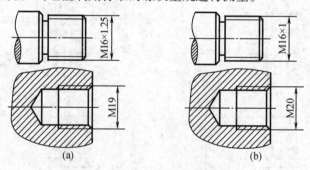

图 4 - 30　螺纹的尺寸

(a)改进前;(b)改进后

例 4 - 31　如图 4 - 31 所示,需要加工数量为 200 件的带孔零件。改进前,孔直径的基本尺寸和公差都是非标准值。由于零件数量是 200 件,采用钻—扩—铰加工方案,改进后可使用标准的铰刀,可以大大提高生产效率,保证加工质量。

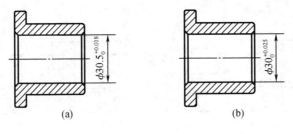

图 4 – 31 孔的尺寸

(a)改进前;(b)改进后

4.3 零部件结构的装配工艺性

装配是按照规定的程序和技术要求,将零件进行结合,使之成为机器或部件的工艺过程。组成部件的过程称为部件装配,组成整台机器的过程称为总装配。

装配工艺性的好坏,对于机器的制造成本、装配质量和装配生产率均有很大的影响。有良好装配工艺性的零部件结构,具有容易安装、调试简便、使用性能可靠、便于拆卸更换零件,并且劳动量少,装配效率高等特点。

一般装配中,零部件结构的装配工艺性应满足一些要求,下面结合实例进行说明。

1. 要有正确的装配基面

待装配的零件、组件和部件需先放到正确的位置,然后才能紧固,这个过程很像加工时定位与夹紧。因此,装配时零件、组件和部件间必须要有正确的装配基面,以保证它们之间的正确位置。装配基面的选择也是用"六点定位"原理来分析。

例 4 – 32 如图 4 – 32 所示,有同轴度要求的两个零件相连接时,应有装配定位基面。

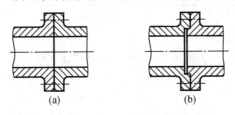

图 4 – 32 要有正确的装配基准

(a)改进前;(b)改进后

2. 便于装配

便于装配也意味着便于保证装配精度,它能有效提高生产率,如零部件调整方便,易于到达装配位置,具有足够的装配空间,以及当有几个装配基面时应该先后依次装入等。

例 4 – 33 如图 4 – 33 所示,改进前在同一方向上有两个配合表面,必须提高相关表面的尺寸精度和配合精度,才能达到使用要求,这在很多场合是没有必要的,改进后在同一方向上只有一对配合表面,克服了过定位。

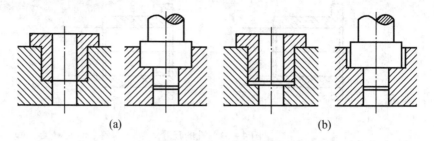

图 4-33　同一方向上配合表面的数量

(a)改进前;(b)改进后

例 4-34　如图 4-34 所示,改进后在轴上或套上加工空刀槽,减少配合面长度,便于装配。

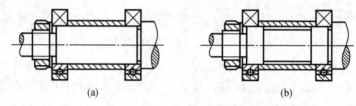

图 4-34　减少配合面长度

(a)改进前;(b)改进后

例 4-35　如图 4-35 所示,配合件应倒角,通常为 45°,若倒角再小些,有导向部分,则装配更方便。

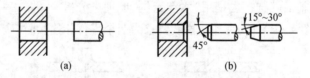

图 4-35　轴与套装配的端部结构

(a)改进前;(b)改进后

例 4-36　如图 4-36 所示,改进前装配困难。图(b)改进 1 采用开工艺孔结构。图(c)改进 2 采用双头螺柱连接结构。改进后具有较好的装配工艺性。

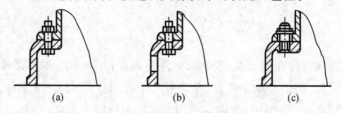

图 4-36　便于螺栓安装的结构

(a)改进前;(b)改进 1;(c)改进 2

例 4-37　如图 4-37 所示,使用多个沉头螺钉时,无法使所有螺钉头的锥面保持良好的接合,装配困难,并且连接件间的位移会造成螺钉的松动,改进后较好。

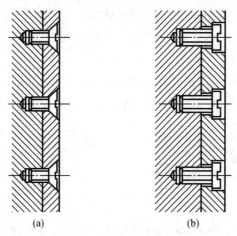

图 4 - 37　使用多个沉头螺钉装配

(a)改进前;(b)改进后

3. 便于拆卸

便于拆卸可有效缩短维修时间,特别是对易磨损零件的更换,如设置用于拆卸的工艺螺孔,结构上有拆卸工具的着力点和可拆卸的空间等。

例 4 - 38　如图 4 - 38 所示,为了便于卸下轴承,套筒(或箱体)孔台肩处的直径,应大于轴承外环的内径。

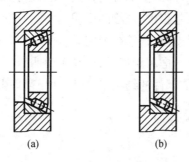

图 4 - 38　便于拆卸的台肩结构

(a)改进前;(b)改进后

例 4 - 39　如图 4 - 39 所示,定位销孔应尽可能钻通,便于取出定位销。

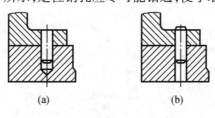

图 4 - 39　定位销的装配结构

(a)改进前;(b)改进后

4. 尽量减少装配时的切削加工

采用合适的调整方法,尽量减少修配和机械加工。因为装配时进行切削加工,不但产品没有互换性,也不易组织流水装配,还会延长装配的周期,甚至因切屑掉入机器中而影响产品的质量。

例4-40 如图4-40所示,在需要调整零件相对位置的部位,设置调整补偿环,改进后用调整垫片调整两者之间的同轴度,与改进前所用的修配方法相比,更便于装配。

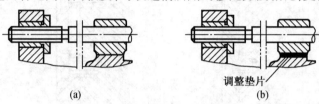

(a)   调整垫片
                                            (b)

图4-40 需要调整同轴度的装配结构

(a)改进前;(b)改进后

思考题及习题

1. 什么叫零件的结构工艺性?
2. 设计需要切削加工的零件时,应从哪些方面考虑其切削加工工艺性?
3. 磨阶梯孔时如何留砂轮越程槽,请绘图说明。
4. 车内外螺纹时如何留退刀槽,请绘图说明。
5. 刨削和插削加工是否要考虑留越程槽,请绘图说明。
6. 改进题表4-1中所列零部件的结构工艺性,并简述理由。

题表 4 – 1

序号	改进前结构	改进后结构	简述理由
1	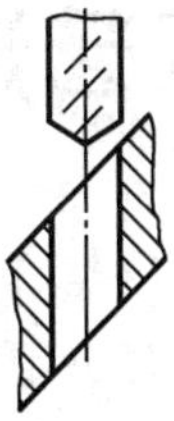		
2	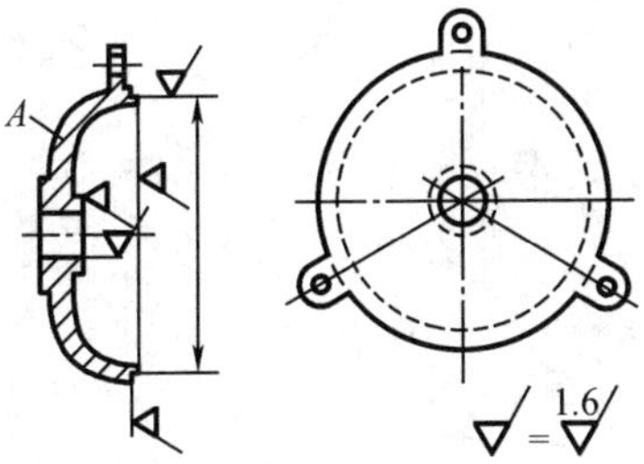		
3	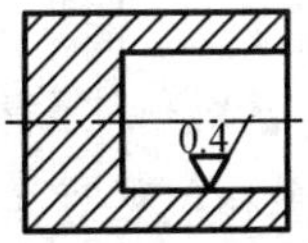		
4	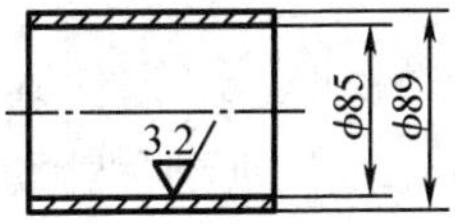		
5	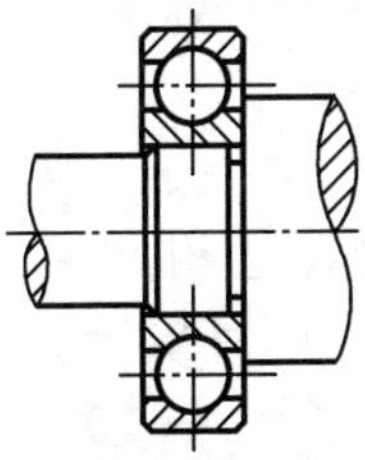		
6	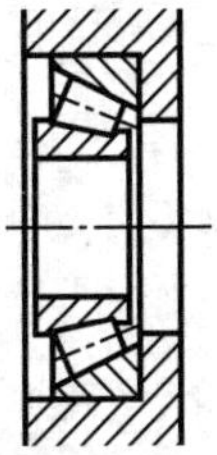		

第5章 机械加工工艺过程

机械加工工艺过程是把原材料或毛坯加工成零件的过程。机械加工工艺过程设计的优劣,对于保证零件的加工质量、加工效率、加工成本等具有决定的意义,必须给予充分地重视。

5.1 机械加工工艺过程的基本知识

5.1.1 生产过程和工艺过程

1. 生产过程

生产过程是指从原材料到成品的全部劳动过程。一般包括原材料的运输、保管、生产准备、制造毛坯、机械加工、热处理、装配、调试、检验、油漆和包装等几个过程。

2. 工艺过程

工艺过程是指改变生产对象的形状、尺寸、相对位置和性质等,使其成为半成品或成品的过程。它是生产过程的一部分,例如铸造、锻造、焊接、热处理、机械加工、装配等都属于工艺过程。本章只讨论机械加工工艺过程,以下简称工艺过程。

5.1.2 机械加工工艺过程的组成

为了便于分析说明机械加工的情况和制定工艺规程,必须了解机械加工工艺的组成。机械加工工艺过程主要由工序组成。工序又由安装、工位、工步、走刀等组成。

1. 工序

在工艺过程中,一个(或一组)工人在一台机床(或一个工作场地)上,对一个(或同时几个)工件连续进行加工,所完成的那一部分工艺过程称为工序。操作者、加工设备、加工对象和连续作业构成了工序的四个要素,若其中任一要素发生变更,即成为另一工序。例如,图5-1所示小轴,在单件小批生产时,如表5-1所示,粗车、精车内容是在一台车床上连续完成的;在成批生产时,如表5-2所示,粗车、精车内容是在两台车床上完成的。虽然这两种情况完成的加工内容一样,但是后者与前者相比,加工过程是在两个工作地点完成的,加工过程也不连续了,因此,前者工艺过程是一道工序,而后者工艺过程变为两道工序。

工序是组成工艺过程的基本单元,也是编制生产计划和进行经济核算的最基本单元。

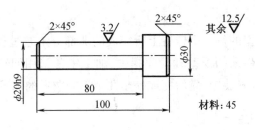

图 5 - 1　小轴

表 5 - 1　小轴单件小批生产的工艺过程

工序号	工序	工序内容	机床或场地
1	下料	圆钢下料 φ35 × 110	锯床
2	车	车左端面,钻中心孔;粗车 φ20h9 外圆留余量,粗车 φ30 外圆到尺寸;掉头,车右端面,保证长度,倒角;再掉头,精车 φ20h9 外圆到尺寸,倒角	车床
3	检	检验	

表 5 - 2　小轴成批生产的工艺过程

工序号	工序	工序内容	机床或场地
1	下料	圆钢下料 φ35 × 110	锯床
2	车	车左端面,钻中心孔;粗车 φ20h9 外圆留余量,粗车 φ30 外圆到尺寸;掉头,车右端面,保证长度,倒角	车床
3	车	精车 φ20h9 外圆到尺寸,倒角	车床
4	检	检验	

2. 安装

工件在加工之前,使其在机床上或夹具中占据一正确的位置并夹紧的过程称为安装。在一道工序中,工件可能被安装一次或多次,才能完成加工。例如,图 5 - 1 小轴,在单件小批生产时,见表 5 - 1,工序 2 通过 4 次安装才完成加工。

工件在加工中,应尽量减少装夹次数,因为每次装夹都需要时间,同时,还会产生装夹误差。

3. 工步

工步是指在工件被加工表面不变、切削工具不变、切削用量不变的条件下,所连续完成的那部分工艺过程。工步是工序的主要组成部分,一个工序可以有几个工步。如表 5 - 1 中,在车削加工 φ20h9 外圆时,分两次加工,一次是粗加工,一次是精加工,因为粗加工和精加工选择的切削用量不同,因此,是两个工步。

4. 走刀

由于加工余量较大或其他原因,需用同一刀具对同一表面进行多次切削,则刀具每一次切削称为一次走刀。

5. 工位

工件在机床上所占据的每一个位置上所完成的那部分工艺过程,称为工位。为了减少工件的装夹次数和由此带来的误差和时间损失,加工中常采用回转工作台、回转夹具或随行夹具等,使工件在一次安装中,先后完成处于几个不同位置的加工。

5.1.3　生产纲领和生产类型

1. 生产纲领

生产纲领是企业根据市场需求和自身的生产能力决定的,在计划期内应当生产产品的产量和进度计划。计划期常定为一年,所以生产纲领也常称年产量。

2. 生产类型

生产类型是指企业生产专业化程度的分类。常按照产品的生产纲领,投入生产的批量,将生产分为单件生产、批量生产、大量生产三种生产类型,其中成批生产又分为小批、中批、大批生产类型。从工艺特点上看,单件生产与小批生产相似,常合称为单件小批生产;大批生产与大量生产相似,常合称为大批大量生产;成批生产常指批量生产中的中批生产。

(1)单件小批生产

指生产的产品数量不多,生产中的各个工作地点的加工对象经常发生改变,而且很少重复或不定期重复,有时甚至完全不重复的生产。如新产品的试制或机修配件均属单件小批生产。

(2)成批生产

指产品以一定的生产批量成批地投入生产,并按一定的时间间隔,周期性地重复生产。如机床、机车、电机的生产等。

(3)大批大量生产

指产品的产量很大,在大多数工作地点,经常重复地进行某一种零件的某一工序的生产。如汽车、拖拉机、轴承的生产等。

生产类型不同时,生产的组织、管理,车间布置,毛坯选择,设备选择,工装夹具的选择,以及加工方法和对工人技术水平的要求均有所不同,所以设计工艺规程时,必须与生产类型相适应,以取得最大的经济效益。

5.1.4　基准

在零件图样和实际零件上,总要依据一些指定的点、线、面来确定另一些点、线、面的位置。这些作为依据的点、线、面就称为基准。按照基准的不同作用,常将其分为设计基准和工艺基准两大类。

1. 设计基准

在零件图样上用于标注尺寸和表面相互位置关系的基准,称为设计基准。如图5-2所示钻套零件,其中心线 $O-O$ 是各外圆表面和内孔的设计基准,端面 A 是端面 B 和端面 C 的设计基准,内孔 ϕD 的中心线是外圆 $\phi 40h6$ 的径向跳动和端面 B 的端面跳动的设计基准。

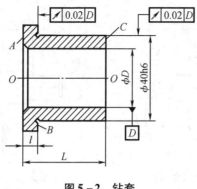

图 5-2　钻套

2. 工艺基准

在加工零件和装配机器的过程中所使用的基准,称为工艺基准。根据用途不同,工艺基准可分为定位基准、测量基准、装配基准和工序基准。

（1）定位基准

工件在加工过程中,用于确定工件在机床或夹具上的正确位置的基准称为定位基准。如图 5-3 所示,为了保证垫块 C 平面与 B 平面平行度的要求,加工 C 平面时,应以 B 平面定位,这时 B 平面即为定位基准。

在零件制造过程中,定位基准尤为重要。

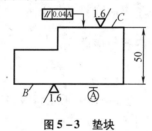

图 5-3　垫块

（2）测量基准

用于测量已加工表面的尺寸及各表面之间位置精度的基准称为测量基准。如图 5-4 所示,在偏摆仪上利用锥度心轴检验接盘外圆和两个端面相对接盘内孔轴线的跳动时,孔的轴线即为测量基准。

（3）装配基准

在机器装配中,用于确定零件或部件在机器中正确位置的基准称为装配基准。如图 5-5 所示,齿轮与轴装配时,与齿轮内孔装配的小圆柱和大圆柱的端面就是齿轮的装配基准。

（4）工序基准

工序基准是在工序图上用来确定本工序加工表面加工后的尺寸和形位公差的基准。就其实质来说,与设计基准有相似之处,只不过是工序图上的基准。

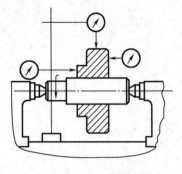
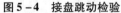
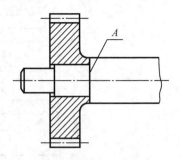

图5-4　接盘跳动检验　　　　　　　图5-5　齿轮与轴装配

5.2　机械加工工艺规程

在生产中,由于零件的生产数量、形状、尺寸和技术要求等条件不同,往往不是单独在一种机床上用某一种加工方法所能完成的,而是要依次在一些不同类型的机床上进行加工。因此,不仅要选择合适的加工方法,还要合理地安排加工顺序,一步一步地把零件加工出来。

将零件工艺过程的内容按一定的格式用文件形式固定下来,就是工艺规程。工艺规程是相关生产人员必须严格执行、认真贯彻的纪律性文件。

5.2.1　机械加工工艺规程的内容与格式

1. 机械加工工艺规程的内容

机械加工工艺规程的内容主要包括:加工工艺路线,各工序的加工内容、技术要求、工时定额以及所采用的机床、工艺装备等。

加工工艺路线是指零件在生产过程中,由毛坯准备到成品入库的整个加工工序的先后顺序的安排。加工工艺路线是制定加工工艺规程的重要依据。

工艺装备是指零部件制造过程中所用的各种工具的总称,它包括刀具、夹具、模具、量具、检具及辅助工具等。

2. 机械加工工艺规程的格式

机械加工工艺规程的格式主要有机械加工工艺过程卡和机械加工工序卡两种基本形式。

(1)机械加工工艺过程卡

工艺过程卡是以工序为单位简要说明零件加工过程的一种工艺文件。工序内容不够具体,不能直接指导工人操作,一般配合图纸才能使用,适用于单件小批生产。

(2)机械加工工序卡

工序卡是在工艺过程卡的基础上,以工序为单位,详细说明每个工步的加工内容、工艺参数、操作要求以及使用设备和工艺装备等情况,一般都有工序简图。主要用于大批大量生产或单件小批生产中的关键工序或成批生产中的重要零件。

5.2.2　制定机械加工工艺规程的原则

工艺规程设计的原则是:在保证产品质量的前提下,应尽量提高生产率和降低成本。工艺规程应做到正确、完整、统一和清晰,所用术语、符号、计量单位、编号等都要符合相应标准。

5.2.3　制定机械加工工艺规程的资料与步骤

1. 制定机械加工工艺规程的主要资料
(1)零件图纸;
(2)生产类型;
(3)现有生产条件和资料。
2. 制定机械加工工艺规程的步骤
(1)依据零件图纸,进行工艺性分析;
(2)确定毛坯的种类;
(3)选择定位基准;
(4)拟定工艺路线;
(5)确定各工序所用机床设备和工艺装备;
(6)确定各工序的加工余量、工序尺寸和公差;
(7)确定各工序的切削用量和时间定额;
(8)确定各工序的技术要求和检验方法;
(9)填写工艺文件。

5.3　机械加工工艺规程的制定

5.3.1　零件的工艺分析

在制定工艺规程时,必须对零件图进行认真分析,主要包括以下两个方面。
1. 零件的结构工艺性分析
零件的制造过程通常包括毛坯生产、切削加工、热处理等,各阶段都有自己的结构工艺性要求。因此,在分析结构工艺性时,必须根据具体的生产类型和生产条件,全面、具体、综合地分析,详见本书第 4 章。
2. 零件的技术要求分析
零件的技术要求包括以下几个方面:
(1)加工表面尺寸精度、表面粗糙度等要求;
(2)形状精度和位置精度要求;
(3)热处理要求;
(4)其他要求。

通过零件技术要求的分析,找出零件的主要或重要表面(即精度要求较高的面),确定这些表面的加工方法和选择加工方案。

5.3.2　毛坯的选择

毛坯的种类和制造方法对零件的加工质量、生产率、材料消耗及加工成本都有影响。提高毛坯精度,可减少机械加工的劳动量,提高材料利用率,降低机械加工成本,但毛坯制造成本增加,两者是相互矛盾的。机械加工中常用的毛坯类型有：型材、铸件、锻件、焊接件、冲压件等。选择毛坯应综合考虑下列因素。

1. 零件的材料及力学性能

当零件的材料确定后,毛坯的类型也就大致确定了。例如,零件的材料是铸铁或青铜,只能选铸造毛坯,不能用锻造。若零件的材料是钢质的,当零件的力学性能要求较高时,不管形状简单与复杂,都应选锻件;当零件的力学性能无过高要求时,可选型材或铸钢件。

2. 零件的结构形状与外形尺寸

形状复杂的毛坯常采用铸件,但对于形状复杂的薄壁零件,一般不能用砂型铸造。对于一般用途的阶梯轴,如各外圆的直径相差不大,可用棒料;若各外圆直径相差大,则宜用锻件,以节约材料和减少机械加工工作量。大型零件,受设备条件限制,一般只能用自由锻和砂型铸造;中小型零件根据需要可选用模锻和各种先进的铸造方法。

3. 生产类型

当零件大批大量生产时,应选择毛坯加工精度和生产率高的先进的毛坯制造方法,使毛坯的形状、尺寸尽量接近零件的形状、尺寸,以节约材料,减少机械加工工作量。这时毛坯制造增加的费用,可由节约的材料和机械加工的费用来补偿,甚至节约的费用还会远远超出毛坯制造所增加的费用,从而获得好的经济效益。当零件单件小批生产时,应选择制造精度和生产率比较低的一般毛坯制造方法,如自由锻和手工木模造型等方法,也可选择焊接的方法。

4. 现有生产条件

选择毛坯时,应考虑现有的生产条件,如本企业和社会上现有的毛坯制造水平和设备情况等。必要时,应尽可能外协加工。

5. 充分考虑利用新工艺、新技术和新材料

随着毛坯制造专业化生产的发展,目前毛坯制造方面的新工艺、新技术和新材料的应用越来越多,如精铸、精锻、冷轧、冷挤压、粉末冶金和工程塑料的应用日益广泛,这些方法可大大减少机械加工量,节约材料,提高经济效益,只要有可能,应尽量采用。

5.3.3　定位基准的选择原则

安装工件时,定位基准选择得是否合理,将直接影响到能否保证加工表面之间的尺寸和相互位置精度,加工余量的均匀分配,工件安装和加工的方便等,因此定位基准的选择是制定工艺过程的一个重要问题。

定位基准分为粗基准和精基准。用作定位基准的表面,若是毛坯上未经加工过的表面,称为粗基准;若是已经加工过的表面,称为精基准。

在加工中,首先使用的是粗基准,但在选择定位基准时,为了保证零件的加工精度,首先考虑的是选择精基准,精基准选定以后,再考虑合理地选择粗基准。

1. 精基准的选择

选择精基准时,一般应遵循下列原则:

(1)基准重合的原则

尽量选用设计基准作为定位基准,即基准的重合原则,这样可以避免因基准不重合而引起的误差。

例如,如图 5-6(a)所示,工件成批生产。其 A,B 两个平面已经加工,现要加工平面 C。若平面 C 的设计基准是 A 面,要求保证尺寸 E_1,则可采取用 A 面定位,如图 5-6(b)所示,使基准重合,尺寸 E_1 不受尺寸 h 的偏差影响。若平面 C 的设计基准是 B 面,要求保证尺寸 E_2,这时就不应再用 A 平面作为定位基准,而应该用 B 面定位,如图 5-6(c)所示,使基准重合,尺寸 E_2 不受尺寸 h 的偏差影响。

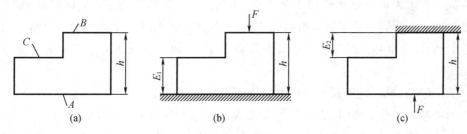

图 5-6　基准重合问题

(a)工件简图;(b)以 A 面定位加工 C 面;(c)以 B 面定位加工 C 面

(2)基准统一的原则

应使尽可能多的表面加工都用同一个精基准,即基准的统一原则,这样可以减少工件的安装次数及由此而引起的定位误差。例如,加工如图 5-7 所示轴类工件,可以用两端中心孔定位,同时磨削加工 A,B,C,D 四个外圆表面,这样既可以保证各表面之间的位置精度,又可以提高生产效率。

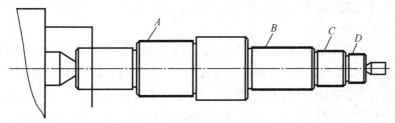

图 5-7　基准统一问题

(3)互为基准的原则

对于两个表面间相互位置精度要求很高,同时自身尺寸与形状精度要求也很高的表面加工,常采用互为基准反复提高原则。

(4)自为基准的原则

对于有些加工精度要求很高,余量小而均匀的表面,常选用加工表面本身作为定位基准来进行加工。如床身导轨面，为保证导轨面上致密的耐磨层厚度均匀，以导轨面本身找正定位，这就是自为基准的原则。

2. 粗基准的选择

选择粗基准时，一般应考虑下列原则：

（1）选择重要表面为粗基准

对于有重要表面的工件，为保证重要表面的加工余量小而均匀，则应选择该重要表面为粗基准。所谓重要表面一般是工件上加工精度以及表面质量要求较高的表面。

（2）选择不加工表面为粗基准

为了保证加工表面与不加工表面之间的相互位置要求，一般应选择不加工表面为粗基准。如果工件上有许多不加工表面，则应选择其中与加工表面的相互位置要求较高的那个不加工表面为粗基准。

（3）选择加工余量最小的表面为粗基准

在没有要求保证重要表面加工余量均匀的情况下，若零件上每个表面都要加工，则应选择其中加工余量最小的表面为粗基准，以保证各加工表面都有足够的加工余量。如铸造或锻造的轴套，常常是孔的余量大于外圆表面的余量，故一般采用外圆表面为粗基准来加工内孔。

（4）粗基准在同一加工尺寸方向上只能使用一次

因为粗基准都是毛坯面、精度低，所以重复使用会产生较大的定位误差。

以上各项原则，每项只突出了一个方面。具体应用时，可能会相互矛盾，这时应根据零件的技术要求，保证主要方面，兼顾次要方面，使粗基准的选择合理。

5.3.4　工艺路线的拟定

工艺路线的主要任务是解决零件上各表面的加工方法，各表面之间的加工顺序以及确定整个工艺过程中的工序数量等问题。

工艺路线拟定是否合理，不仅影响零件的加工质量和生产效率，而且还会影响设备、工艺装备的投资以及生产成本。在拟定工艺路线时，主要解决以下几个问题：

1. 选择加工方法

在分析研究零件图的基础上，根据工件的结构形状、尺寸，每个加工表面的技术要求，工件材料的性质，生产类型及本厂的具体情况，对不同的表面选择相应的加工方法。

在具体选择零件各表面的加工方法时，应综合考虑下列各方面的因素：

（1）所选择的加工方法应与被加工表面的精度和表面粗糙度要求相适应。不要盲目地采用高加工精度和低粗糙度的加工方法，以免增加生产成本，造成浪费；

（2）所选择的加工方法要能保证加工表面的几何形状精度和表面相互位置精度的要求；

（3）所选择的加工方法要与零件材料的加工性能、热处理状况相适应；

（4）所选择的加工方法要与生产类型相适应；

（5）所选择的加工方法要与本厂现有生产条件相适应，不能脱离本厂现有的设备状况和工人的技术水平，要充分利用现有设备，挖掘生产潜力。

2. 划分加工阶段

零件的精度要求较高时,通常将其加工过程划分为几个阶段,如粗加工阶段、半精加工阶段和精加工阶段,有时甚至还要安排精整和光整加工阶段(详细内容见第三章)。为了保证零件的加工质量,零件的加工必须要分阶段进行。

3. 合理安排各表面的加工顺序

对各个表面加工顺序的安排不同,会得到截然不同的经济效果,如果安排得不好,甚至不能保证加工质量。零件机械加工顺序通常包括切削加工、热处理和辅助工序。安排工件表面加工顺序,一般可以从以下几方面考虑:

(1)切削加工顺序的安排

①先基准后其他。加工一开始总是先把精基准面加工出来,然后再用精基准面定位加工其他表面。如果零件加工需要的精基准面不止一个,则应按基准面转换的顺序和逐步提高加工精度的原则来安排精基准面和主要表面的加工。

②先粗后精。零件的加工总是从粗加工开始的,这里的"先粗后精"是指零件的各个加工表面应先集中安排粗加工,然后根据需要安排半精加工,最后安排精加工、精整和光整加工。

③先主后次。零件的主要表面一般都是加工精度和表面质量要求比较高的表面,它们加工质量的好坏对整个零件的质量影响很大,其加工工序往往也比较多,因此应先安排主要表面的加工,再安排其他的表面的加工或穿插在他们中间进行。在安排加工顺序时,要注意退刀槽、倒角等工序的安排。

(2)热处理工序的安排

在制定工艺路线时,应根据热处理的目的,合理地安排热处理工序。一般常见的热处理在工艺过程中的安排如图 3 – 15 所示。

以改善切削加工性、消除毛坯制造时引起的内应力为主要目的的热处理,如正火、退火、时效处理等,一般安排在机械加工之前。

以消除切削加工时引起的内应力为主要目的的热处理,一般安排在粗加工之后、精加工之前,以减少粗加工后内应力重新分布而引起的变形。对于高精度的零件,如精密机床的床身,在粗、精加工之间,往往要安排几次去内应力处理。

以提高材料机械性能为目的的热处理:如调质等,一般安排在粗加工后进行;对于要求表面高硬度的热处理,如渗碳淬火、表面淬火、氮化和氰化等,应安排在工艺过程的最后或该表面的最终工序之前。

(3)辅助工序的安排。

辅助工序包括检验、去毛刺、清洗、防锈、去磁、平衡等。其中检验工序是主要的辅助工序,对保证加工质量,防止继续加工前道工序中产生的废品,起着重要的作用。除了在加工中各工序操作者自检外,在粗加工阶段结束后、关键或重要工序前后、零件在车间之间转换前后、全部加工结束后,一般均应安排检验工序。

4. 工序集中与工序分散

在安排了加工顺序以后,就需将零件的加工,按不同的加工阶段和加工顺序组合成若干个工序,从而拟定出整个加工路线。组合成工序时可采用工序集中或工序分散的原则。

工序集中：将零件的加工集中在少数几道工序内完成，每一工序的加工内容比较多。

工序分散：将零件的加工分散到很多道工序内完成，每道工序加工的内容少，有时甚至每道工序只有一个工步。

工序集中的优点：

(1)减少了工件的装夹次数，有利于提高劳动生产率和保证各表面间的相互位置精度；

(2)有可能使用高效率的机床(如数控机床)，减少机床数量，减少操作工人数量和生产面积，缩短工艺路线，简化生产管理。

工序分散的优点：

(1)设备和工艺装备简单、调整方便；

(2)对操作人员的技术水平要求较低；

(3)有利于采取最合理的切削用量。

在一般情况下，单件小批生产只能采用工序集中的方法，使用通用机床。大批大量生产可以采用工序集中，也可采用工序分散。一般批量较小或采用数控机床、多刀或多轴机床、各种高效组合机床时，使工序集中。但对于有些零件不便于工序集中，可将工序分散，组织流水生产。

对于大型和重型零件，由于安装、运输比较困难，应采用工序集中的办法，并希望在一次安装中加工尽可能多的表面。对于刚性差、精度要求高的零件，工序则应适当分散。

由于工序集中与工序分散各有优点，所以必须根据生产类型、零件的结构特点和技术要求、机床设备等具体生产条件进行综合分析来决定。

5.3.5　加工余量的确定

加工余量是指在加工过程中从被加工表面上切除的金属层厚度。加工余量可分为总余量和工序余量。在一个工序中，需要切除的厚度，称为工序余量；从毛坯到成品总共需要切除的余量，称为总余量。总余量等于该表面各工序余量之和。

工序余量又分为单边余量和双边余量。在平面上，加工余量为单边余量。在回转表面(外圆和孔)上，加工余量为对称的双边余量，其实际切除的厚度为加工余量之半。实际切除的余量是变化的，因为各工序尺寸都有公差，所以，加工余量又分为公称余量 Z_b、最大加工余量 Z_{bmax} 和最小加工余量 Z_{bmin} 三种。

各工序余量的大小，主要决定于各工序的加工条件、工件尺寸和质量要求。一般说，粗加工余量大些，精加工余量小些。

目前，在单件小批生产中，确定加工余量大小的方法，是由操作者和技术人员根据生产经验和本厂的具体生产条件，用估计法确定；也可以用查表法，以有关手册或资料中推荐的加工余量为基础，并结合实际加工情况进行修改，然后确定加工余量的数值。

5.3.6　机床与工艺装备的选择

1.机床的选择

选择机床设备时应考虑以下几个原则。

(1)机床的主要规格尺寸应与加工零件的外部轮廓尺寸相适应；

（2）机床的精度应与工序要求的加工精度相适应；

（3）机床的生产率应与加工零件的生产类型相适应。

（4）机床的选择应符合本厂现有的实际情况。

2. 工艺装备的选择

根据生产类型、具体加工条件、工件结构特点和技术要求等选择工艺装备。

（1）夹具的选择

单件小批生产，应尽量选用通用夹具，如各种卡盘、虎钳和回转台等。大批大量生产应采用高效率的液压、气动等专用夹具。

（2）刀具的选择

一般采用通用刀具或标准刀具，如高速钢车刀、硬质合金车刀、钻头、铰刀、滚刀等。必要时也可采用高生产率的复合刀具及其他一些专用刀具。

（3）量具的选择

单件小批生产应采用通用量具，如游标卡尺、千分尺等。大批大量生产中应采用各种量规和一些高生产率的检验工具。

5.3.7　工序尺寸及其公差的确定

每一道工序所应保证的尺寸称为工序尺寸。编制工艺规程的一个重要工作就是要确定每道工序的工序尺寸及其公差。工序尺寸一般情况下是通过计算来确定，工序尺寸公差是通过查表得到。

工序尺寸计算的顺序是：先确定各工序的加工方法及其加工余量，再从终加工工序开始（即从设计尺寸开始）往前推，逐次加上各工序余量，可分别得到各工序基本尺寸（包括毛坯尺寸）。工序尺寸公差可根据各工序中相关表面在各加工阶段的加工精度来确定。

5.3.8　切削用量和时间定额的确定

1. 切削用量的选择

（1）背吃刀量 a_p 选择

①粗加工时，尽可能一次走刀即切除全部余量。在中等功率的机床上，一般可取 $a_p = 8 \sim 10$ mm；如果余量太大或不均匀、工艺系统刚性不足或者断续切削时，可分几次走刀。

②半精加工时，一般可取 $a_p = 0.5 \sim 2$ mm。

③精加工时，一般可取 $a_p = 0.1 \sim 0.4$ mm。

（2）进给量 f 的选择

①粗加工时，对表面质量没有太高的要求，而切削力往往较大，合理的 f 应是工艺系统刚度（包括机床进给机构强度、刀杆强度和刚度、刀片的强度、工件装夹刚度等）所能承受的最大进给量。

②精加工时，进给量主要受加工表面粗糙度限制，一般取较小值。

（3）切削速度 v_c 的选择。

①粗加工时，a_p 和 f 均较大，v_c 宜取较小值。

②精加工时 a_p 和 f 均较小,所以 v_c 宜取较大值。

③工件材料强度、硬度较高时,应选较小的 v_c 值;反之,宜选较大的 v_c 值。材料加工性较差时,选较小的 v_c 值;反之,选较大的 v_c 值。

④刀具材料的性能越好,v_c 值也选得越高。

总之,选择切削用量时,可参照有关手册的推荐数据,也可凭经验根据选择原则确定。

2. 时间定额的确定

时间定额是指在一定的生产条件下,规定每个工人完成单件合格产品或某项工作所必需的时间。具体包括以下几个部分:

(1)基本时间

基本时间(T_b):指直接改变生产对象的尺寸、形状、相对位置与表面质量或材料性质等工艺过程所消耗的时间。基本时间可以根据切削用量和行程长度来计算。

(2)辅助时间

辅助时间(T_a):指为实现工艺过程所必须进行的各种辅助动作消耗的时间。它包括装卸工件,开、停机床,改变切削用量,试切和测量工件,进刀和退刀等所需的时间。

基本时间与辅助时间之和称为操作时间 T_B,它是直接用于制造产品或零、部件所消耗的时间。

(3)布置工作地时间

布置工作地时间(T_s):指为使加工正常进行,操作者管理工作地(如润滑和擦拭机床,更换、调整刀具,摆放刀辅量具等)所需时间。一般按操作时间的 2%～7%(以百分率 α 表示)计算。

(4)生理和自然需要时间

生理和自然需要时间(T_r):指工人在工作班内为恢复体力和满足生理需要等消耗的时间。一般按操作时间的 2%～4%(以百分率 β 表示)计算。

以上四部分时间的总和称为单件时间 T_p,即

$$T_p = T_b + T_a + T_s + T_r = T_B + T_s + T_r = (1 + \alpha + \beta) T_B$$

(5)准备与终结时间

准备与终结时间(T_e):简称为准终时间,指工人在加工一批产品、零件进行准备和结束工作所消耗的时间。准备与终结时间对一批工件来说只消耗一次,零件批量越大,分摊到每个工件上的准备与终结时间 T_e/n 就越小,其中 n 为批量。因此,单件或成批生产的单件计算时间 T_c 应为

$$T_c = T_P + T_e/n = T_b + T_a + T_s + T_r + T_e/n$$

大量生产中,由于 n 的数值很大,$T_e/n \approx 0$ 即可忽略不计,所以大量生产的单件计算时间 T_c 应为

$$T_c = T_p = T_b + T_a + T_s + T_r$$

思考题及习题

1. 何谓工序,如何正确理解工序的含义?

2. 工艺基准有哪些? 举例说明它们之间的区别。

3. 制定机械加工工艺规程的步骤通常有哪些?

4. 毛坯的种类一般有哪些? 如何选择?

5. 定位粗、精基准选择的原则是什么?

6. 加工轴类零件时,常以什么作为统一的精基准,为什么?

7. 加工盘套类零件时,常用那些方法保证零件外圆面、内孔及端面的位置精度?

8. 试分析题图 5 – 1 所示零件的基准。

(1)题图 5 – 1(a)为零件图,题图 5 – 1(b)为工序图。试分析台肩面的设计基准、定位基准。

(2)题图 5 – 1(c)为铣削连杆一端的工序图。本工序要求:铣削连杆两端与杆身对称,并保证厚度为 39 mm(尺寸 19.5 mm 为前道工序保证),试在图中指出加工连杆端面的定位基准。

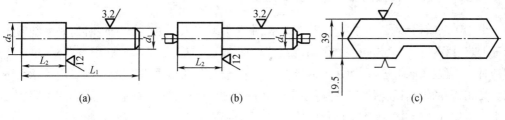

题图 5 –1

9. 切削加工顺序的安排依据哪些原则?

10. 切削加工的工序集中与分散应如何确定?

11. 完成零件一道工序的时间定额由哪几部分组成?

第6章 常见零件机械加工工艺实例分析

机械零件多种多样,可以从不同角度对零件进行分类。为了研究各类零件共同的加工规律,常把零件按相似的结构形式和工艺特征,分成轴类、盘套类、支架箱体类、六面体类、机身机座类和特殊类。其中轴类零件、盘套类零件、支架箱体类零件最为常见。本章以轴、接盘、套、支架等典型零件为例,分别介绍其加工工艺过程,以期达到举一反三的效果。

6.1 轴 类 零 件

轴类零件是机器设备中一种常见的零件。按其结构特点可分为简单轴、阶梯轴、空心轴和异形轴四大类。轴类零件主要用于支承齿轮、带轮、凸轮以及连杆等传动件,以承受载荷,同时又起到传递运动和扭矩的作用。

6.1.1 轴类零件机械加工的一般工艺过程

由于轴的结构形状、尺寸大小、技术要求、生产类型和工厂生产条件的不同,各类轴的具体加工工艺过程是不完全相同的。例如,实心轴的加工,首先要加工端面和中心孔,在单件小批生产时,一般在车床上进行,而在大批量生产时,一般是在铣端面、钻中心孔的专用机床上进行的。又如,轴的外圆粗、精加工,可以在车床上完成;也可以在粗车之后通过磨削加工完成。可以粗车、精车连续完成,采用工序集中的原则,作为一道工序;也可以粗车、精车分开完成,采取工序分散的原则,作为两道工序。尽管如此,但轴的加工工艺过程,也有共同的工艺特点。

对于毛坯为轧制棒料或锻件的实心阶梯轴,一般可归纳为如下的典型工艺路线:预备加工—粗车外圆—热处理(正火或调质)—半精车外圆—其他表面加工(如螺纹、键槽等)—热处理(淬火)—磨削—检查。

(1)预备加工

一般情况下,轴类零件外圆表面的加工是在车床和磨床上进行的,其安装方式通常有两种:一种是采用一端卡盘另一端顶尖装夹,另一种是采用两端顶尖装夹。因此,加工开始时,首先应加工端面、钻中心孔。

(2)粗车外圆

粗车不同直径的外圆时,先粗车直径大的外圆,再粗车直径小的外圆。零件上所有加工表面都要进行粗车。

(3)正火或调质热处理

热处理中的正火处理可以在粗车前后进行。热处理中的调质处理,只能达到一定的表面层深度,一般安排在粗车之后进行,以免由于粗车切除余量较大而影响机械性能和硬度均匀性。

（4）半精车外圆

半精车外圆前,要修研因热处理而变形的中心孔,以保证加工精度。轴上主要表面都要进行半精车,同时穿插次要表面(如退刀槽、倒角等)的加工。

（5）其他表面加工

一般情况,外螺纹加工是在车床上完成的,外圆上键槽加工是在铣床上完成的。

（6）淬火热处理

轴上要求耐磨的表面应进行表面淬火热处理,淬火处理一般在半精车之后,磨削加工之前进行。

（7）磨削加工

磨削加工主要是磨削外圆表面,有时还有其他表面,如螺纹、花键等。磨削加工(包括光整加工)前,要修研因热处理而变形的中心孔,以保证零件各表面之间的位置精度。

（8）检查

检查包括零件在加工过程中的检查和零件完工检查。检查内容包括尺寸精度、形状和位置精度、表面粗糙度等。

6.1.2 轴的机械加工工艺过程实例

下面以图 6-1 减速器的输出轴(材料为 40Cr)为例,说明轴在单件小批生产和大批大量生产中的机械加工工艺过程。

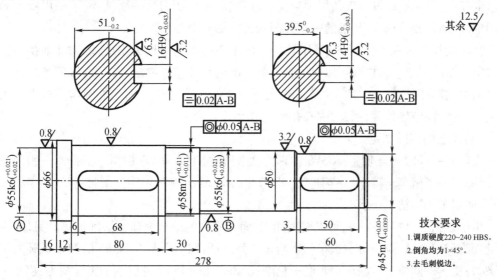

图 6-1 输出轴

1. 输出轴的结构及技术要求

从图 6-1 中可以看到,输出轴属于实心的阶梯轴。轴上两个直径为 $\phi55k6$ 的外圆是用来安装滚动轴承的,两个直径分别为 $\phi58m7$ 和 $\phi45m7$ 带键槽的外圆是用来安装传动件(如齿轮、链轮、皮带轮、联轴器等)的,两个键槽是用来安装平键的。输出轴的主要技术要求如下:

（1）上述四个外圆的尺寸精度和表面粗糙度要求都比较高,其公差等级分别达到了 IT6 和 IT7,表面粗糙度 Ra 值要求为 0.8 μm。

（2）直径 $\phi 58m7$ 和直径 $\phi 45m7$ 两个外圆的轴线分别对两个直径 $\phi 55k6$ 外圆的共同轴线有不大于 0.05 的同轴度要求。

（3）宽度为 14 和 16 的键槽对两个直径 $\phi 55k6$ 外圆的共同轴线有不大于 0.02 的对称度要求。

（4）材料为 40Cr,热处理调质硬度为 220~240HBS。

2.输出轴机械加工工艺过程分析

（1）毛坯的选择

该轴最大直径为 $\phi 66$,最小直径为 $\phi 45$,尺寸变化比较小,几何形状比较简单,对机械性能要求一般,故在单件小批生产时,其毛坯可以直接采用 40Cr 轧制圆钢,较为方便经济。考虑该轴最大直径 $\phi 66$ 的长度为 12,故选用直径为 $\phi 70$ 的圆钢足以能加工出来。在大批大量生产时,为了节省材料和减少切削加工工作量,其毛坯可采用锻件。

（2）定位基准的选择

由于该轴上有四个外圆,即两个直径为 $\phi 55k6$、一个直径为 $\phi 58m7$、一个直径为 $\phi 45m7$,其尺寸精度公差等级达到了 IT7 和 IT6,而且这四个外圆的轴线之间还有比较严格的同轴度要求。因此,这四个外圆需要经过粗加工、半精加工和精加工阶段才能完成。

在粗加工时,首先采用外圆为粗基准,加工端面和中心孔。然后可以采用一端夹持在三爪卡盘中,另一端通过顶尖孔用顶尖支承,以提高工件加工时的刚度,利于采用较大的切削用量。这时的定位基准是轴的一端外圆和另一端的中心孔。

在半精加工和精加工时,应采用轴两端的中心孔用两个顶尖支承,以保证轴在多次安装时定位基准不变。这样既可以保证轴上各外圆的尺寸精度要求,又可以保证各个外圆轴线之间的同轴度要求,这时的定位基准是轴两端的中心孔。由于四个外圆需要多次加工和安装,且工件需经热处理,因此,中心孔采用 B 型比较合适。

（3）工艺路线的拟定

查表 3-1 可知,该轴上 $\phi 55k6$ 的两个外圆的加工方案为:粗车—半精车—粗磨—精磨,或粗车—半精车—精车—精细车;$\phi 58m7$ 和 $\phi 45m7$ 外圆的加工方案为:粗车—半精车—精车,或粗车—半精车—磨。

由于该轴的材料为 40Cr,可以磨削加工,而且零件的结构又适合磨削加工。另外,考虑热处理为调质处理,应安排在粗车和半精车之间。所以最后确定 $\phi 55k6$ 的两个外圆的加工方案为:粗车—调质—半精车—粗磨—精磨;$\phi 58m7$ 和 $\phi 45m7$ 外圆的加工方案为:粗车—调质—半精车—磨。

根据该轴主要表面的加工方法和加工方案,以及切削加工顺序的安排原则,输出轴加工顺序可确定如下:加工轴的端面及中心孔→粗车各外圆→调质→半精车两个 $\phi 55k6$ 外圆和 $\phi 58m7$, $\phi 45m7$ 两个外圆(同时穿插车削各沟槽、倒角等)→铣削键槽→磨削四个外圆。

3.输出轴单件小批生产的机械加工工艺过程

综合上述分析,可制定出输出轴在单件小批生产时的机械加工工艺过程,如表 6-1 所示。

表 6-1　输出轴单件小批生产的机械加工工艺过程

工序号	工序名称	工序内容	工序简图	使用设备 刀辅量具
0	锯	下料	全部 25▽ φ70 285	锯床 卷尺
1	车	1. 车端面见平； 2. 钻中心孔（B 型）； 3. 粗车四个外圆 4. 掉头，车端面保证总长； 5. 钻中心孔； 6. 粗车两个外圆	其余 12.5▽ 中心孔 3.2▽ −2 φ61 φ58 φ53 φ48 全部 12.5▽ 3▽ 58.5 138.5 168.5 248.5 −2 其余 12.5▽ φ58 φ66 −2 14.5 中心孔 3.2▽ 278	车床 B 型 中心钻 车刀 游标卡尺
2	热处理	调质 220～240HBS		
3	车	研两端 中心孔		车床 砂轮
4	车	1. 半精车四个外圆，倒角（四处）； 2. 掉头，半精车外圆，倒角	1.5×45° 1.5×45° 1.5×45° 3.2 1.5×45° 其余 12.5▽ 3▽ φ59h9(0,−0.074) φ56h9(0,−0.074) φ51 φ46h9(0,−0.062) 3.2 3.2 3.2 60 140 170 250 其余 12.5▽ 3.2 1.5×45° 3▽ φ56h9(0,−0.074) 16	车床 车刀 游标卡尺

表 6-1(续)

工序号	工序名称	工序内容	工序简图	使用设备刀辅量具
5	铣	铣两个键槽	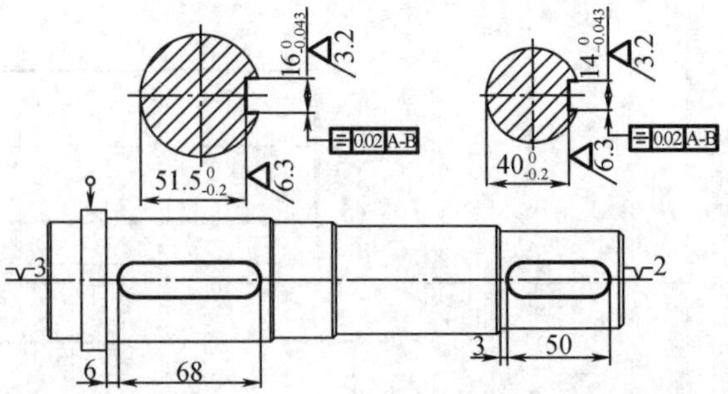	铣床 键槽铣刀 游标卡尺
6	车	研两端中心孔	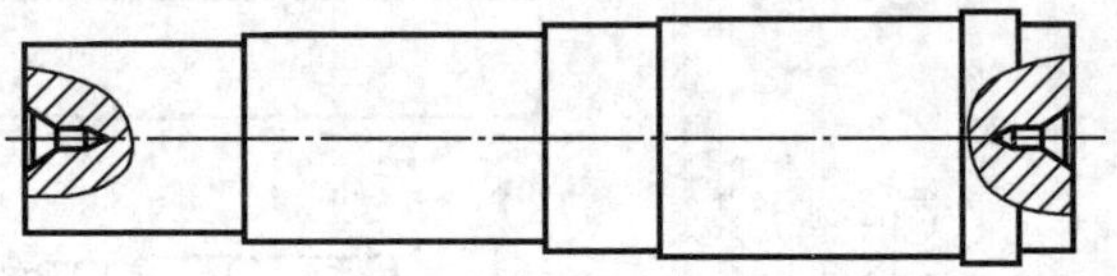	车床 砂轮
7	磨	1. 磨三个外圆 2. 调头,磨一个外圆	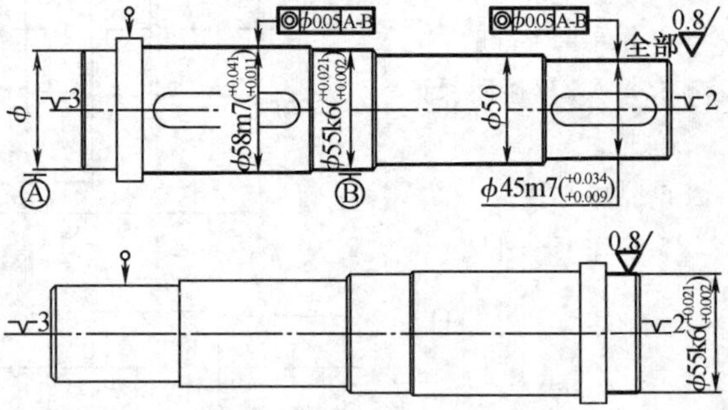	磨床 砂轮 游标卡尺 外径千分尺
8	检	检验		

4. 输出轴大批大量生产的机械加工工艺过程

综合上述分析,可制定出输出轴在大批大量生产时的机械加工工艺过程,如表 6-2 所示。

表 6-2　输出轴大批大量生产的机械加工工艺过程

工序号	工序名称	工序内容	工序简图	使用设备刀辅量具
0	锻	锻造	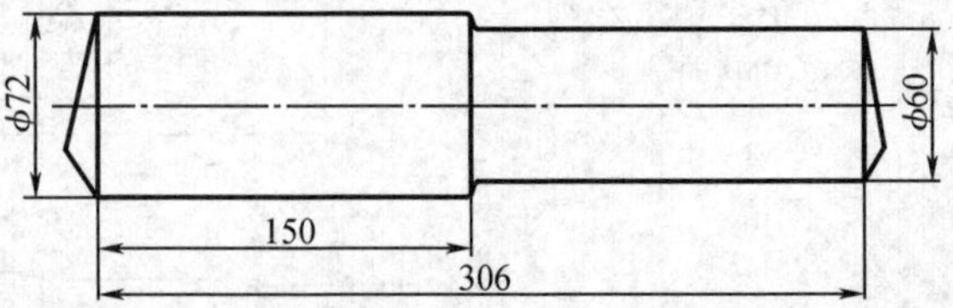	
01	热	正火处理		

表 6 - 2(续)

工序号	工序名称	工序内容	工序简图	使用设备刀辅量具
1	铣	1. 铣两端面； 2. 钻两端中心孔（B 型）	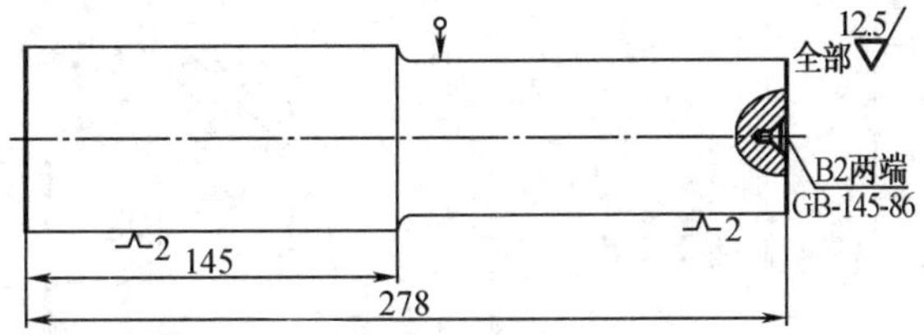 145　278　12.5 全部 B2两端 GB-145-86	专用机床 三面刃 铣刀 中心钻 专用夹具 游标卡尺
2	车	粗车两个外圆	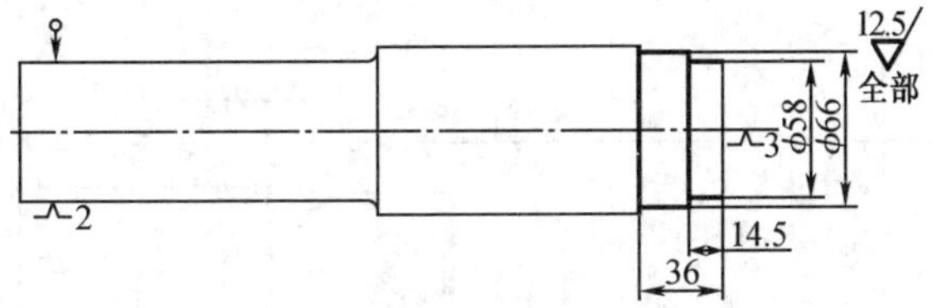 12.5 全部 φ58 φ66 36 14.5	车床 车刀 游标卡尺
3	车	粗车四个外圆	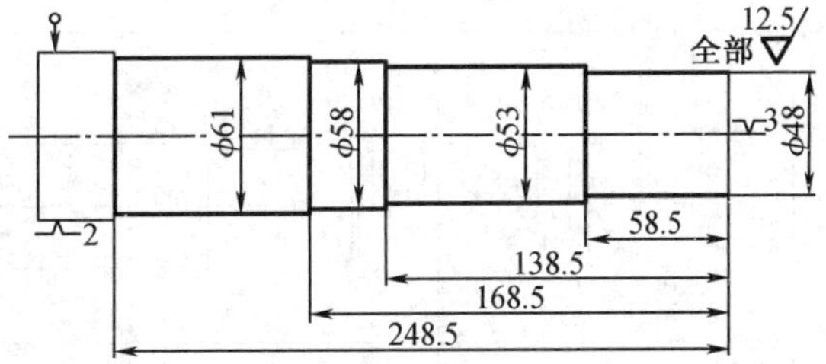 12.5 全部 φ61 φ58 φ53 φ48 58.5 138.5 168.5 248.5	车床 车刀 游标卡尺
4	热处理	调质 220～240HBS		
5	车	研两端中心孔	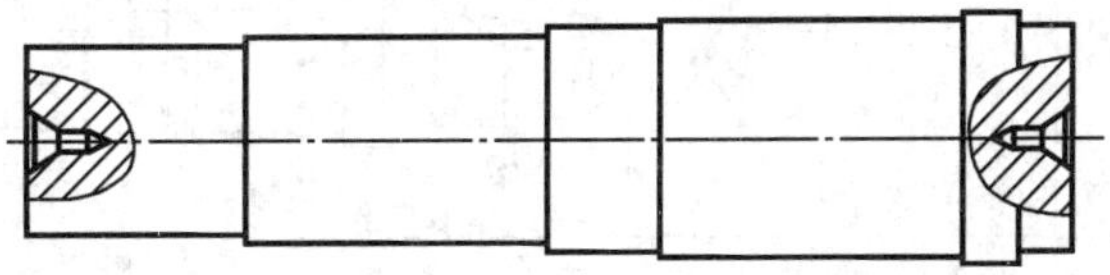	车床 砂轮
6	车	1. 半精车外圆及端面； 2. 倒角	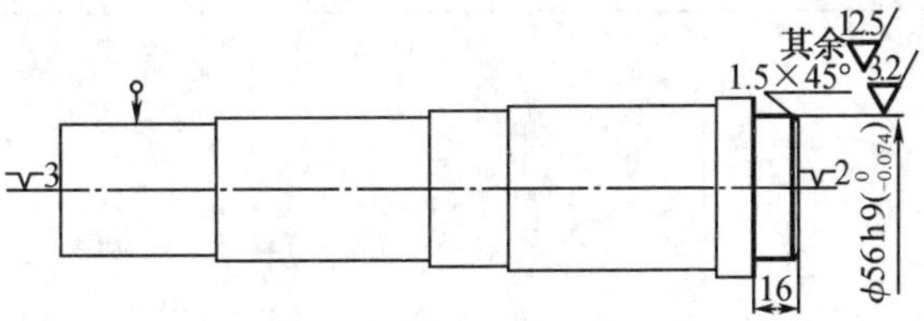 12.5 其余 1.5×45° 3.2 $\phi56h9\binom{0}{-0.074}$ 16	车床 车刀 游标卡尺
7	车	1. 半精车四个外圆； 2. 倒角（四处）	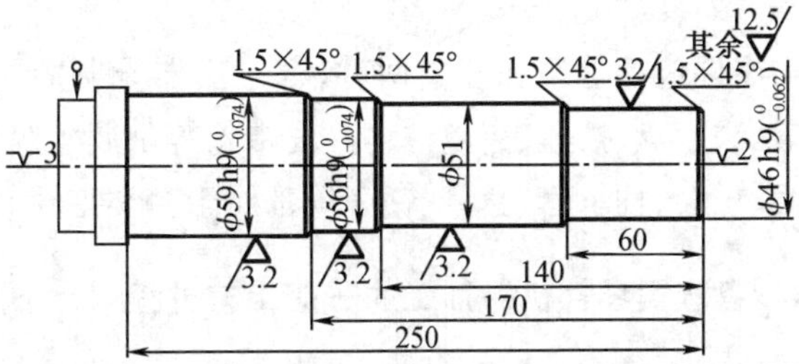 1.5×45° 1.5×45° 1.5×45° 1.5×45° 12.5 其余 3.2 $\phi59h9\binom{0}{-0.074}$ $\phi56h9\binom{0}{-0.074}$ φ51 $\phi46h9\binom{0}{-0.062}$ 60 140 170 250	车床 车刀 游标卡尺

表 6 - 2(续)

工序号	工序名称	工序内容	工序简图	使用设备刀辅量具
8	铣	铣两个键槽	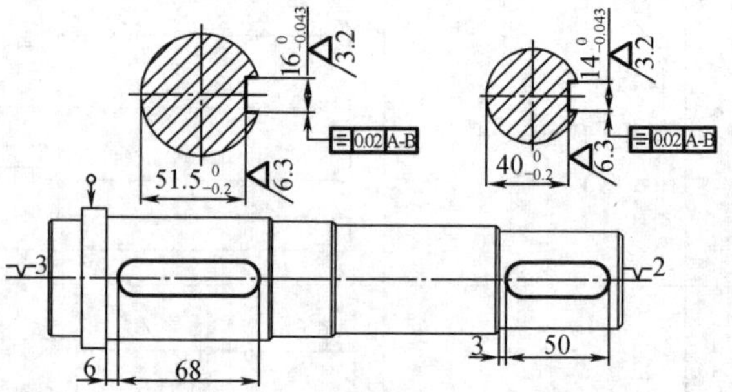	铣床 键槽铣刀 游标卡尺
9	车	研两端中心孔	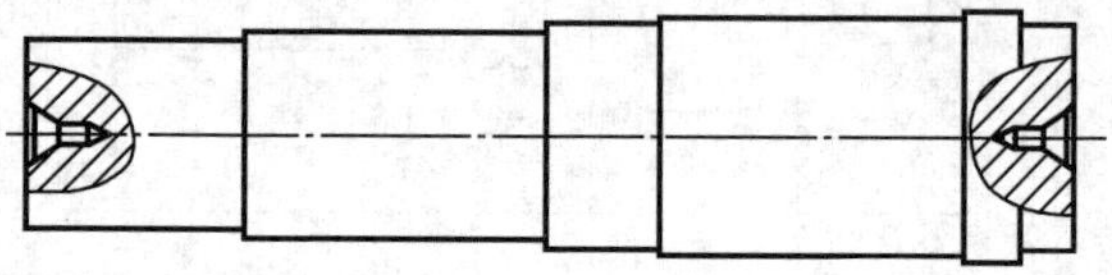	车床 砂轮
10	磨	磨外圆	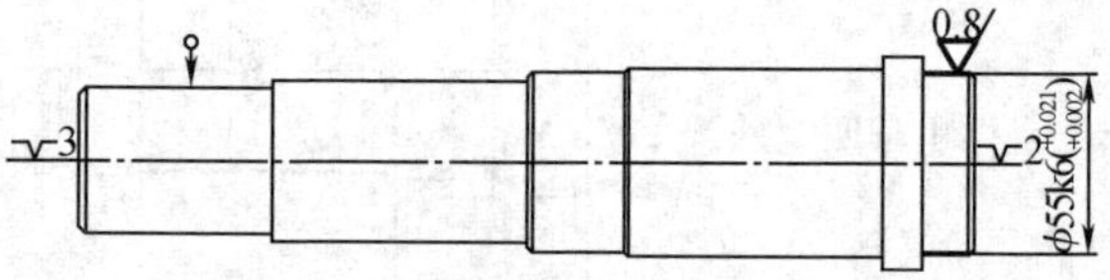	磨床 砂轮 游标卡尺 外径千分尺
11	磨	磨四个外圆	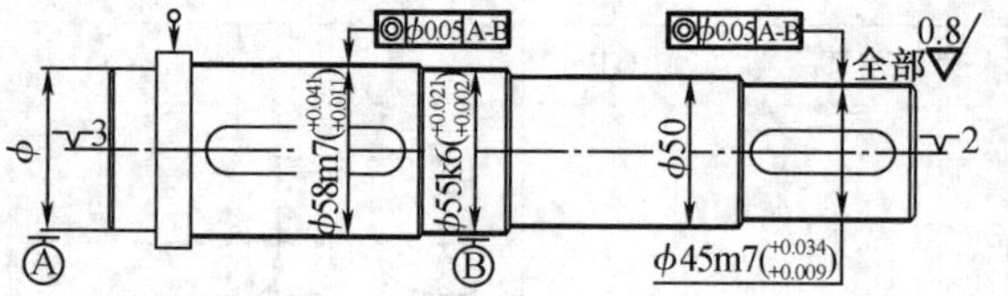	磨床 砂轮 游标卡尺 外径千分尺
12	检	检查		

6.2 盘套类零件

盘套类零件包括盘类和套类两种,都是机器设备中常见的零件。盘类零件种类较多,如各种端盖、法兰盘、接盘、齿轮、链轮、皮带轮等都属于盘类零件;套类零件的种类也较多,如各种轴套、衬套、轴承套、套管、钻套等都属于套类零件。

6.2.1 盘套类零件机械加工的一般工艺过程

盘套类零件一般由内圆、外圆、端面、齿形、连接孔以及各种槽等组成。虽然在结构形状、尺寸大小、技术要求、毛坯种类等方面有所不同,但是它们的加工过程基本相似。

盘套类零件加工工艺过程一般可归纳为如下两种典型工艺路线:

（1）毛坯或型材—粗车（端面、外圆、内圆等）—热处理（调质）—半精车（端面、外圆、内圆等）—精车（端面、外圆、内圆等）—其他表面加工（如键槽、连接孔等）—检查；

（2）毛坯或型材—粗车（端面、外圆、内圆等）—热处理（调质）—半精车（端面、外圆、内圆等）—其他表面加工（如键槽、连接孔、齿形等）—热处理（淬火）—磨（端面、外圆、内圆、齿形等）—检查。

1. 毛坯或型材

一般情况下，盘套类零件毛坯多为锻件和铸件，有时可采用圆棒或板材等型材下料。

2. 粗车

先粗车加工余量小的外圆或内圆，再粗车其他表面。零件上所有加工表面都要进行粗车。

3. 半精车

零件上主要表面都要进行半精车，同时穿插次要表面（如退刀槽、倒角等）的加工。

4. 精车

精车时，尽可能使零件在一次装夹中完成多个主要表面的加工（俗称"一刀活"），以保证被加工表面之间的形位精度，减少夹具的使用量。

5. 其他表面加工

一般情况，孔内的键槽加工是在插床上完成的，连接孔加工是在钻床上完成的。

6. 淬火热处理

零件上要求耐磨的表面应进行表面淬火热处理，淬火处理一般在半精车之后，磨削加工之前进行。

7. 磨削加工

磨削加工主要是磨削外圆、内圆、端面、齿形等表面，以保证零件最终的尺寸精度和形状和位置精度。

8. 检查

检查包括零件在加工过程中的检查和零件完工检查。检查内容包括尺寸精度、形状和位置精度、表面粗糙度等。

6.2.2　盘类的机械加工工艺过程实例

下面以图6-2接盘（材料为45）为例，说明盘类零件在成批生产中的机械加工工艺过程。

1. 接盘的结构及技术要求分析

从图6-2中可以看到，接盘是由一个内圆和两个直径不等的外圆，以及一个圆弧槽和一个小孔组成。接盘的主要技术要求如下：

（1）内圆和较小的外圆尺寸精度较高，公差等级分别为IT8和IT7，表面粗糙度Ra值均为1.6 μm。

（2）较小的外圆轴线对内圆轴线的同轴度要求不大于0.05 mm。

（3）较大外圆的一个环形端面表面粗糙度Ra值为1.6 μm，且这个端面对内圆的轴线有端面跳动不大于0.02 mm的要求。

（4）材料为45，热处理调质硬度为269～302HBS。

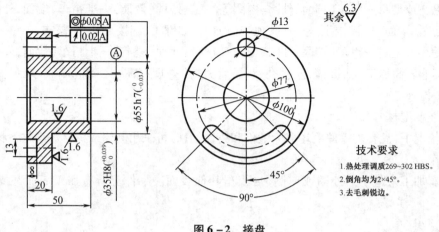

图 6-2   接盘

2. 接盘机械加工工艺过程分析

（1）毛坯的选择

该接盘最大外圆直径为 $\phi100$，最小外圆直径为 $\phi55$，内圆直径为 $\phi35$，总长度为 50，几何形状较为简单，故在成批生产时，其毛坯可以采用自由锻的方法制造毛坯。

（2）定位基准的选择

由于接盘上有一个外圆和一个内圆的尺寸精度公差等级达到了 IT8 和 IT7，另外有一个环形端面虽然尺寸精度没有要求，但是表面粗糙度 Ra 值要求为 $1.6~\mu m$，因此，这三个表面的加工均需要经过粗加工、半精加工和精加工阶段才能完成。

在粗加工时，首先采用一端外圆为粗基准，加工另一端外圆的表面及端面，然后以加工过的外圆和端面为基准，加工另一端外圆、端面及内圆。

在半精加工时，其加工过程同粗加工过程一样，只不过定位基准皆为加工过的表面。

在精加工时，应采"一刀活"的方法，即以大外圆（直径为 $\phi100$ 的外圆）和大端面作为基准，加工小外圆、环形端面、内圆，这样可以通过机床的精度保证小外圆轴线与内圆轴线的同轴度要求和环形端面对内圆轴线的跳动要求。

（3）加工路线的拟定

查表 3-2 可知，$\phi35H8$ 内圆的加工方案为：钻—扩—铰，或钻（粗车或粗镗）—半精车或半精镗—精车或精镗，或钻（粗车或粗镗）—半精车或半精镗—磨，或钻（粗车或粗镗）—拉；查表 3-1 可知，$\phi55h7$ 外圆的加工方案为：粗车—半精车—精车，或粗车—半精车—磨。由于接盘零件的具体结构和技术要求（主要是位置精度要求），内、外圆及端面采用车削加工较为合适。综合上面的分析，最后确定 $\phi35H8$ 内圆的加工方案为：钻（粗车）—调质—半精车—精车（毛坯上无孔时，先钻孔；毛坯上有孔时，先粗车）；$\phi55h7$ 外圆的加工方案为：粗车—调质—半精车—精车；大外圆的环形端面加工方案为：粗车—调质—半精车—精车。

根据接盘各主要表面的加工方法和加工方案以及切削加工工序顺序的安排原则，接盘加工顺序为：粗车各表面→调质→半精车各表面及倒角→精车内孔、小外圆及环形端面→钻孔→铣圆弧槽。

3. 接盘的机械加工工艺过程

综合上述分析，可制定出接盘在成批生产时的机械加工工艺过程，如表 6-3 所示。

表6-3　接盘的机械加工工艺过程

工序号	工序名称	工序内容	工序简图	使用设备刀辅量具
0	锻	锻造毛坯		
1	车	1. 粗车端面； 2. 粗车外圆	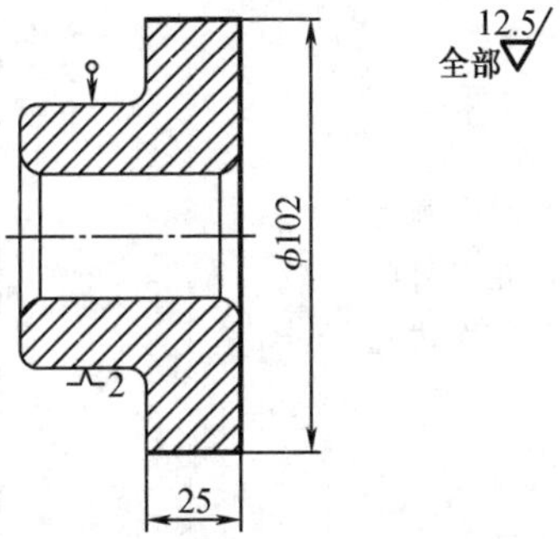	车床 车刀 游标卡尺
2	车	1. 粗车小端面； 2. 粗车外圆； 3. 粗车大端面； 4. 粗车内孔	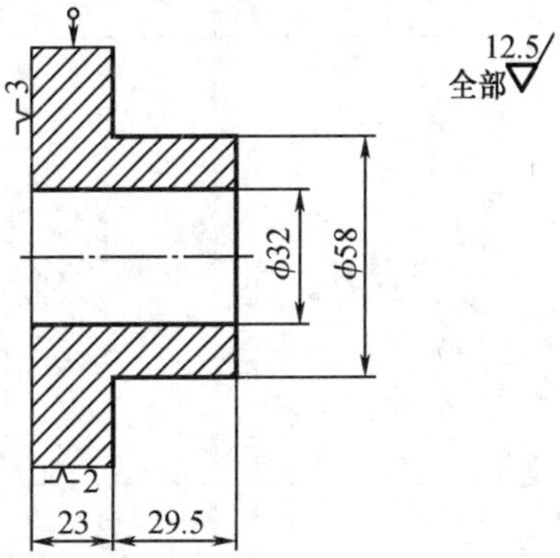	车床 车刀 游标卡尺
3	热	调质269~302HBS		
4	车	1. 半精车端面； 2. 半精车外圆； 3. 倒角2×45°	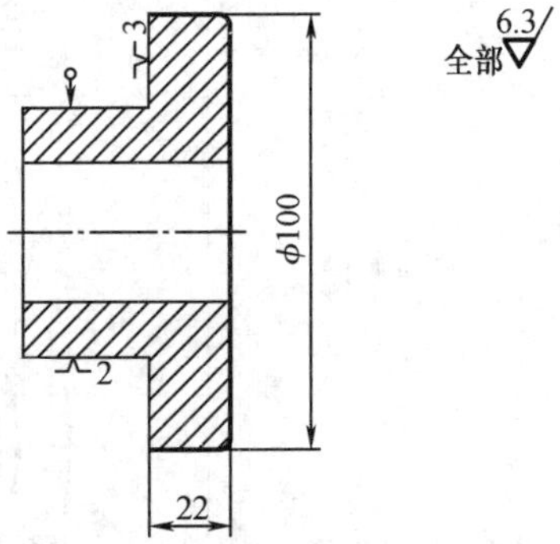	车床 车刀 游标卡尺
5	车	1. 半精车大端面； 2. 半精车小端面； 3. 半精车外圆； 4. 半精车内孔； 5. 倒角2×45°	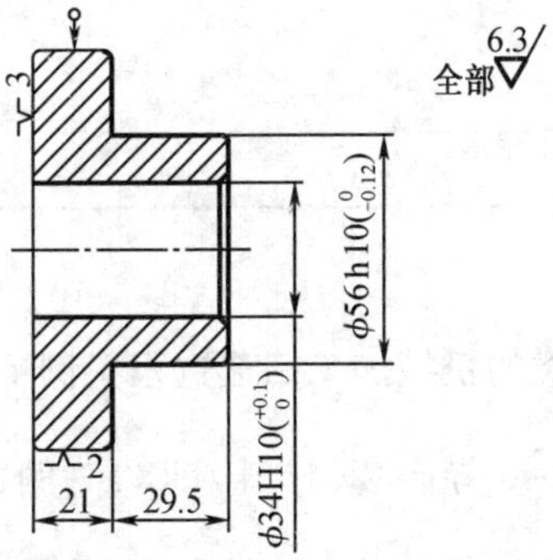	车床 车刀 游标卡尺

表 6－3(续)

工序号	工序名称	工序内容	工序简图	使用设备刀辅量具
6	车	1. 精车端面； 2. 精车外圆； 3. 精车内孔		车床 车刀 游标卡尺 外径千分尺 内径百分表
7	钳	钻孔		钻床 麻花钻 游标卡尺
8	铣	铣圆弧槽		铣床 键槽铣刀 游标卡尺
9	检	检查		

6.2.3 套类的机械加工工艺过程实例

下面以图 6－3 导向套(材料为 T8)为例,说明套类零件在单件小批生产中的机械加工工艺过程。

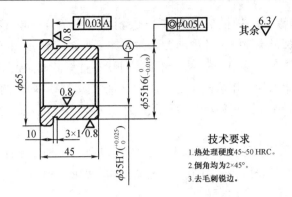

图 6 – 3　导向套

1. 导向套的结构及技术要求分析

从图 6 – 3 中可以看到,导向套是由一个内圆和一个外圆,以及一个环形凸台组成。导向套的主要技术要求如下:

(1) 内圆和外圆尺寸精度较高,公差等级分别为 IT7 和 IT6,表面粗糙度 Ra 值均为 0.8 μm。

(2) 外圆轴线对内圆轴线的同轴度要求不大于 0.05 mm。

(3) 环形凸台的一个端面对内圆的轴线有端面跳动不大于 0.03 mm 的要求,该表面的表面粗糙度 Ra 值为 0.8 μm。

(4) 材料为 T8,热处理淬火硬度为 45 ~ 50HRC。

2. 导向套机械加工工艺过程分析

(1) 毛坯的选择

该导向套最大外圆直径为 ϕ65,最小外圆直径为 ϕ55,总长度为 45,几何形状可以说非常简单,因此在单件小批生产时,其毛坯可以直接采用 T8 轧制圆钢进行切削加工,较为方便经济。考虑该最大直径为 ϕ65,其长度为 10,故选用直径为 ϕ70 的圆钢足以能加工出来。导向套的毛坯可以几个件为一组(根据加工数量来定)进行下料,这样既可以节省装夹料头,又可以减少切削加工工作量。

(2) 定位基准的选择

由于导向套上有一个外圆和一个内圆的尺寸精度公差等级达到了 IT7 和 IT6,还有一个环形凸台端面的表面粗糙度 Ra 值要求为 0.8 μm,因此,这三个表面的加工均需要经过粗加工、半精加工和精加工阶段才能完成。

在粗加工时,以圆钢的一端为粗基准,加工小端面、内圆、外圆以及环形凸台的端面和外圆,最后切断,也就是说在一次装夹中,完成对导向套的粗加工。

在半精加工时,先用外圆为基准,加工环形凸台的外圆和大端面以及内圆;然后调头,再用环形凸台的外圆为基准,加工外圆及小端面。

在精加工时,先用外圆为基准,加工内圆;然后再采用心轴以内圆为基准,加工外圆及环形凸台的端面,这样可以保证外圆的轴线对内圆轴线的同轴度以及环形凸台的端面对内圆轴线的跳动要求。

(3) 加工路线的拟定

查表 3 – 2 可知,ϕ35H7 内圆的加工方案为:钻—扩—铰,或钻(粗车或粗镗)—半精车或半精镗—精车或精镗,或钻(粗车或粗镗)—半精车或半精镗—磨,或钻(粗车或粗镗)—拉;查表 3 – 1 可知,$\phi55h6$ 外圆和环形凸台端面的加工方案均可为:粗车—半精车—精车—精细车,或粗车—半精车—粗磨—精磨。由于导向套零件壁较薄,径向刚度差,而且零件需要淬火处理,所以精加工须采用磨削加工。因此,可确定 $\phi35H7$ 内圆的加工方案为:钻—半精车—淬火—磨;$\phi55h6$ 外圆和环形凸台端面的加工方案为:粗车—半精车—淬火—粗磨—精磨。

根据导向套各主要表面的加工方法和加工方案以及切削加工工序顺序的安排原则,导向套加工顺序为:粗车各表面→半精车各表面及倒角→淬火→磨内圆→粗磨外圆及环形凸台端面→精磨外圆及环形凸台端面。

3. 导向套的机械加工工艺工程

综合上述分析,可制定出导向套单件小批生产的机械加工工艺过程,如表 6 – 4 所示。

表 6 – 4　导向套单件小批生产的机械加工工艺过程

工序号	工序名称	工序内容	工序简图	使用设备刀辅量具
0	锯	圆钢下料		锯床 卷尺
1	车	1. 粗车端面; 2. 钻孔 3. 粗车外圆及凸环; 4. 切断		车床 麻花钻 车刀 游标卡尺
2	车	1. 半精车端面; 2. 半精车外圆; 3. 半精车内圆; 4. 倒角		车床 车刀 游标卡尺

表 6 - 4(续)

工序号	工序名称	工序内容	工序简图	使用设备刀辅量具
3	车	1.半精车端面； 2.半精车内孔； 3.半精车外圆； 4.切槽、倒角	其余 $\sqrt{6.3}$　$\sqrt{3.2}$　$\sqrt{3.2}$　$\phi55.5\text{h}9\binom{0}{-0.074}$　$\phi34.5\text{H}9\binom{+0.062}{0}$　10.3　3　45	车床 车刀 游标卡尺
4	热	淬火 45～50HRC		
5	磨	磨内孔	$\sqrt{0.8}$　$\phi35\text{H}7\binom{+0.025}{0}$	磨床 砂轮 内径 百分表
6	磨	磨外圆及端面	⟂ 0.03 A　◎ $\phi0.05$ A　$\sqrt{0.8}$　A　ϕ　$\phi55\text{h}6\binom{0}{-0.019}$　$\sqrt{0.8}$　10	磨床 砂轮 锥度心轴 外径千分尺
7	检	检查		

6.3　支架类零件

支架是用于支撑转动构件的常用零件,支架一般是由安装轴承用的支撑孔(有的孔本身起滑动轴承的作用)和底面以及起紧固、连接作用的螺纹孔组成。

6.3.1　支架类零件机械加工的一般工艺过程

由于支架的结构形状、尺寸大小、技术要求、生产类型 和工厂生产条件的不同,各类支架的具体加工工艺过程是不完全相同的。例如,支架上的支撑孔加工,在单件小批生产时,一般在镗床上进行;在批量生产时,可在车床上完成;在大批量生产时,通常采用专用机床来完成。通常情况下,各类支架的加工工艺过程是基本相似的。

一般可归纳为如下的典型工艺路线:毛坯—热处理—底座平面加工—连接孔加工—支撑孔的两个端面加工—支撑孔加工—检查。

1. 毛坯

一般情况下,支架类零件毛坯多为铸件,有时可采用圆棒和板材下料焊接成型。

2. 热处理

毛坯通常需进行退火处理,降低硬度和消除内应力。

3. 底座平面加工

底座平面的加工,通常采用铣削或刨削来完成。

4. 连接孔加工

连接孔的加工,一般在钻床完成。在诸多连接孔中挑选两个距离较远的孔为基准孔,对基准孔还需要进行扩孔和铰孔加工。

5. 支撑孔的两个端面加工

支撑孔的两个端面加工,通常是在铣床上完成的,有时也可在车床上完成。

6. 支撑孔加工

支撑孔加工,可根据生产类型和工厂生产条件,选择在镗床、车床和专用机床上完成。

7. 检查

检查包括零件在加工过程中的检查和零件完工检查。检查内容包括尺寸精度、形状和位置精度、表面粗糙度等。

6.3.2　支架类的机械加工工艺过程实例

下面以图6-4支座(材料为HT200)为例,说明支架类零件在成批生产中的机械加工工艺过程。

1. 支座的结构及技术要求分析

从图6-4中可以看到,该零件为单孔支座,它是由一个支撑孔、一个底座和支撑结构以及两个连接孔组成。支座的主要技术要求如下:

(1)支撑孔尺寸精度较高,公差等级为IT8,表面粗糙度Ra值均为$1.6~\mu m$。

(2)支撑孔轴线对底座平面有尺寸精度$80 \pm 0.1~mm$的要求。

（3）材料为灰铁 HT200。

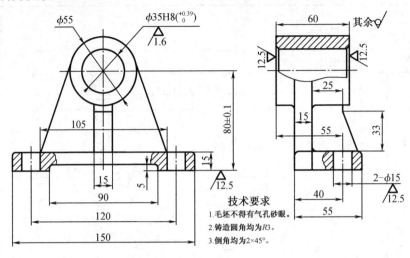

图 6-4　支座

2. 支座机械加工工艺过程分析

（1）毛坯的选择

支座的材料为灰铸铁，且生产类型为成批生产，故其毛坯应采用铸件。

（2）定位基准的选择

由于支座上只有一个支撑孔是重要表面，其尺寸精度公差等级要求 IT8，表面粗糙度 Ra
值要求 1.6 μm；其他加工表面尺寸精度是自由尺寸公差，表面粗糙度 Ra 值要求 12.5 μm。
因此，只有支撑孔的加工需要经过粗加工、半精加工和精加工阶段完成，其他表面粗加工既
可达到要求。

在粗加工时，首先以支撑孔和底座上表面为粗基准，加工底座下表面；再以底座下表面
（精基准）、支撑孔（粗基准）、支撑孔的一个端面（粗基准）定位，加工连接孔；再以底座下表
面和两个连接孔定位（一面双孔定位），加工支撑孔的两个端面；最后再以底座下表面和两
个连接孔定位（定位基准统一），加工支撑孔表面。

（3）加工路线的拟定

查表 3-2 可知，$\phi 35H8$ 内圆的加工方案为：钻—扩—铰，或钻（粗车或粗镗）—半精车或半
精镗—精车或精镗，或钻（粗车或粗镗）—半精车或半精镗—磨，或钻（粗车或粗镗）—拉。从支
座的结构可以确定 $\phi 35H8$ 内圆的加工方案为粗车（镗）—半精车（镗）—精车（镗）较为合适。

根据支座内圆的加工方法和加工方案以及切削加工工序顺序的安排原则，该零件的加
工顺序为：粗铣底座平面→钻、扩、铰两个孔→铣两个端面→粗镗内圆→半精镗、精镗内圆。

3. 支座的机械加工工艺过程

综合上述分析，可制定出支座成批生产的机械加工工艺过程，如表 6-5 所示。

表 6-5 支座成批生产的机械加工工艺过程

工序号	工序名称	工序内容	工序简图	使用设备刀辅量具
0	铸	铸造毛坯		
1	铣	铣底平面	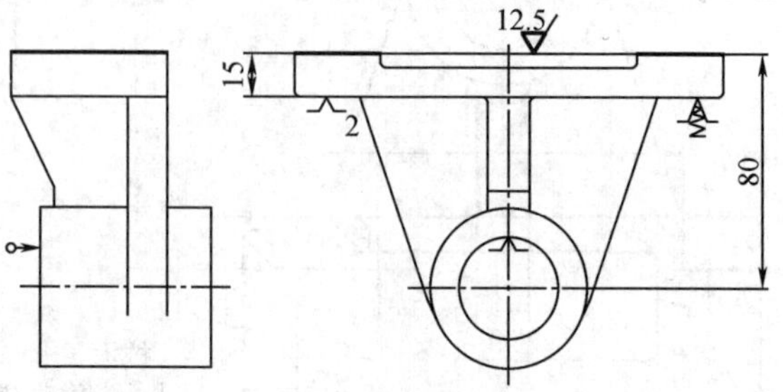	铣床 端铣刀 游标卡尺
2	钳	钻、扩、铰孔	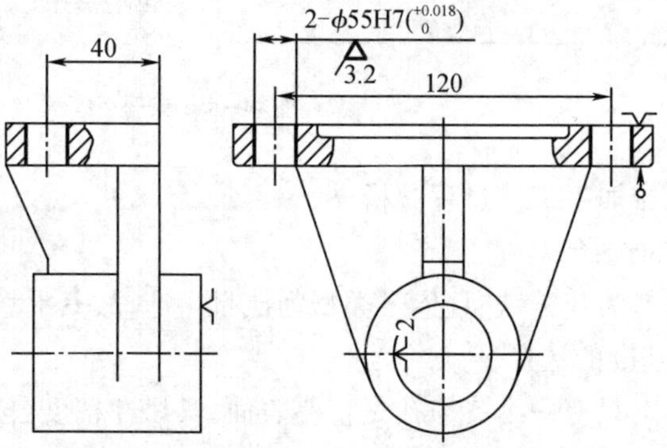	钻床 麻花钻 扩孔钻 铰刀 游标卡尺 塞规
3	铣	铣两端面	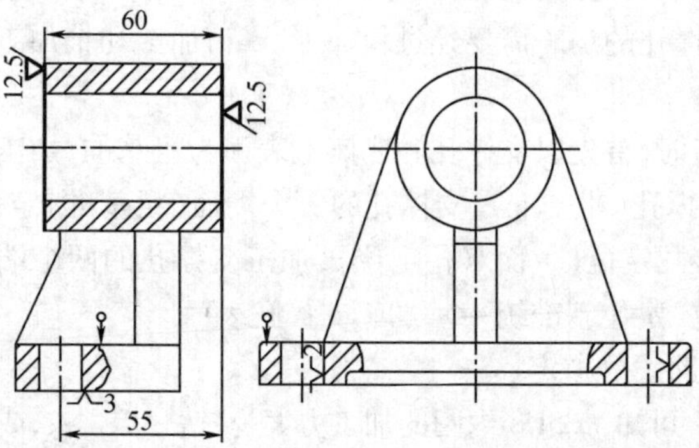	铣床 三面刃铣刀 游标卡尺
4	车	粗镗内圆	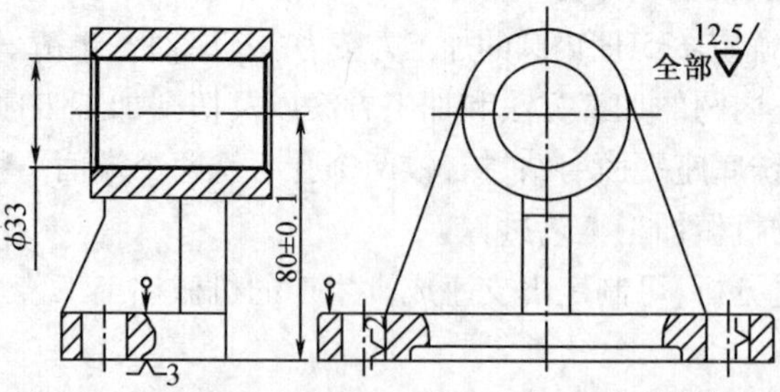	车床 车刀 游标卡尺

表6-5(续)

工序号	工序名称	工序内容	工序简图	使用设备刀辅量具
5	车	1. 半精镗内圆; 2. 倒角; 3. 精镗内圆	$\phi35H8(^{+0.039}_{0})$ 1.6 80±0.1 3	车床 车刀 内经千分尺 游标卡尺
6	检	检查		

思考题及习题

1. 如题图6-1所示传动轴零件,生产批量为成批,材料为45,调质处理269~302HBS,未注倒角均为1×45°。试制定其机械加工工艺过程。

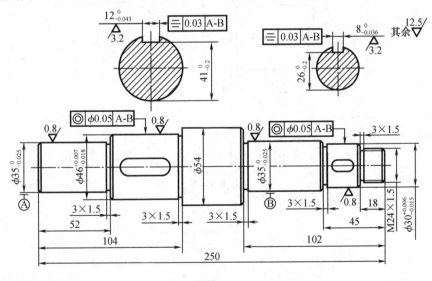

题图6-1

2. 如题图6-2所示的法兰套,为小批生产,材料为HT200,未注倒角均为1×45°。试制定其机械加工工艺过程。

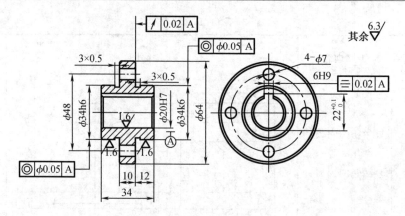

题图 6 – 2

3. 如题图 6 – 3 所示为车床主轴箱齿轮,齿轮的模数为 2.5 mm,齿数为 22,分度圆直径为 ϕ55 mm 压力角 20°。该齿轮生产批量为小批生产,材料为 40Cr,未注倒角均为 1 × 45°。试制定其机械加工工艺过程。

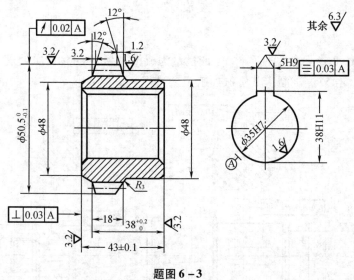

题图 6 – 3

参考文献

[1] 任正义.机械制造工艺基础[M].北京:高等教育出版社,2010.

[2] 祁家骥.机械制造工艺基础[M].哈尔滨:哈尔滨工程大学出版社,2004.

[3] 傅水根.机械制造工艺基础[M].北京:清华大学出版社,2003.

[4] 韩永杰,佟永祥.工程实践[M].哈尔滨:哈尔滨工程大学出版社,2012.

[5] 华茂发,谢骐.机械制造技术[M].北京:机械工业出版社,2004.

[6] 陈立德.机械制造技术[M].上海:上海交通大学出版社,2000.

[7] 杨叔子.机械加工工艺师手册[K].北京:机械工业出版社,2001.

[8] 王宝玺.汽车拖拉机制造工艺学[M].北京:中国农业机械出版社,1981.

[9] 刘杰华,任昭蓉.金属切削与刀具实用技术[M].北京:国防工业出版社,2006.

[10] 邓文英.金属工艺学(下册)[M].北京:人民教育出版社,1981.

[11] 杨伟群.数控工艺培训教程(数控铣部分)[M].2版.北京:清华大学出版社,2006.

[12] 侯书林,于文强.金属工艺学[M].北京:北京大学出版社,2012.

[13] 李凯岭.机械制造技术基础[M].北京:科学出版社,2007.

[14] 吴拓.机械制造技术基础[M].北京:清华大学出版社,2007.

[15] 倪小丹,杨继荣,熊运昌.机械制造技术基础[M].北京:清华大学出版社,2007.

[16] 赵一善.机械加工工艺基础[M].天津:天津大学出版社,1993.

[17] 邢忠文,张学仁.金属工艺学[M].哈尔滨:哈尔滨工业大学出版社,2006.

[18] 潘筠.机器及其零部件结构工艺性[M].北京:机械工业出版社,1990.

[19] 张世昌,李旦,高航.机械制造技术基础[M].北京:高等教育出版社,2001.